|玛莎｜著

THE ROAR OF
POLLUTION THROUGH THE FUTURE

穿越未来之
污染的怒吼

危机恶化

海峡出版发行集团｜福建科学技术出版社
THE STRAITS PUBLISHING & DISTRIBUTING GROUP｜FUJIAN SCIENCE & TECHNOLOGY PUBLISHING HOUSE

图书在版编目（CIP）数据

穿越未来之污染的怒吼 . 危机恶化 / 玛莎著 . —福州：福建科学技术出版社，2023.7

ISBN 978-7-5335-6926-6

Ⅰ . ①穿… Ⅱ . ①玛… Ⅲ . ①环境保护 – 少儿读物

Ⅳ . ① X–49

中国国家版本馆 CIP 数据核字（2023）第 025341 号

书　　名	穿越未来之污染的怒吼：危机恶化
著　　者	玛　莎
出版发行	福建科学技术出版社
社　　址	福州市东水路 76 号（邮编 350001）
网　　址	www.fjstp.com
经　　销	福建新华发行（集团）有限责任公司
印　　刷	福建省金盾彩色印刷有限公司
开　　本	890 毫米 ×1240 毫米　1/32
印　　张	5.375
字　　数	105 千字
版　　次	2023 年 7 月第 1 版
印　　次	2023 年 7 月第 1 次印刷
书　　号	ISBN 978-7-5335-6926-6
定　　价	28.00 元

书中如有印装质量问题，可直接向本社调换

推荐序

　　玛莎老师是中国优秀少儿报刊金奖期刊的专栏作者，同时也是非常优秀的广播电台主持人，她非常热衷于环保事业，曾荣获"哈尔滨市年度环保风范人物"的称号。

　　"穿越未来之污染的怒吼"系列故事是玛莎老师创作的系列环保科幻故事，讲述的是萨山、米果、马莎三个孩子不小心触动了学校神秘钟楼内的红色按钮，然后神奇地穿越到未来，发现未来世界因环境污染发生了极其恐怖的事情。书中的每个故事都画面感十足，每看一篇仿佛都在观看一部科幻电影，给人的心灵带来极大的震撼和启迪。

　　"穿越未来之污染的怒吼"系列故事曾于2010年1月至2015年12月在《小雪花》连载六年。今天，玛莎老师对故事进行重新"打磨"，将各种环境污染问题在跌宕起伏的故事情节中一一披露，相信这本书将为读者带来更多的启示。在国家大力提倡生态文明建设的今天，希望玛莎老师的"穿越未来之污染的怒吼"系列能让更多人关注和重视环境问题，激发大家对保护生态环境、爱护地球家园的热情。

　　据了解，"穿越未来之污染的怒吼"系列故事此前已在加拿大出版发行，很高兴现在能跟中国读者正式见面，也希望玛莎老师笔耕不辍，继续为我们创作更多精彩有趣、意义非凡的故事。

杜恒贵 ▶▶▶

　　黑龙江省少先队队刊《小雪花》创刊者，首届中国少年儿童报刊优秀工作者、首届中国少年儿童报刊杰出贡献奖获得者。

名家推荐

玛莎老师用充满灵性的想象力，虚拟出被污染的未来世界，提醒小朋友们爱护地球与环境、关爱动植物是多么重要且有意义。书中的故事精彩有趣，有奇幻、冒险、温情，以及发人深省的画面，希望读者朋友喜欢，让我们一起做环保小卫士。

姜昆
著名相声表演艺术家、中国曲艺家协会主席

玛莎是我的好朋友，她是一个充满正能量的精灵，世界真的因她而美丽，不信就去读读她写的故事吧！

那威
著名主持人、导演

当下，我们都没法穿越到未来，更想象不到被污染后的未来会是什么样子。现在，当你打开玛莎创作的"穿越未来之污染的怒吼"系列图书就能随着萨山、米果、马莎和鲍勃一起穿越到未来，届时你便能体会污染的危害有多大，知道爱护环境、爱护地球有多重要了。

关凌

演员、导演、主持人，
情景喜剧《我爱我家》主演

"穿越未来之污染的怒吼"少年环保科幻系列图书里有很多精彩的故事，萨山、米果、马莎和鲍勃用他们的聪明才智解救了未来世界里受污染影响的动物们，他们在未来世界里历经千难万险。让我们一起来看玛莎创作的"穿越未来之污染的怒吼"系列图书，相信你们也和我一样，心灵会有所启迪。

王为念

导演，中央电视台金牌栏目
《向幸福出发》主持人

嗨，我亲爱的读者朋友，
首先让我们一起认识故事中的主要角色吧！

 萨山

> 我叫萨山，是一个沉稳、果断、临危不惧的男生。我们在未来世界里遇到了很多危险而又有趣的事！

米果

> 我叫米果，很喜欢开玩笑，也很擅长跟陌生人打交道，就算对方是未来世界的怪物们。

马莎

"
我是来自中国的马莎，和萨山、米果在同一所国际学校学习，虽然我看上去挺胆小的，但我骨子里却充满了正义和勇气。
"

鲍勃

"
嗨，伙计们，你们好呀！我叫鲍勃，我可不是中学生，而是一个厉害的魔术师。没想到我的魔术箱可以通往未来世界。走，一起历险去吧！
"

贝尔教授

"
我是一位胖胖的老人。我有着一头超级不一般的头发，银白色的、卷曲的、蓬松的。经过几十年的潜心研究和无数次失败的实验，我把垃圾变成了食物。我还发明了可以吃的建筑材料。
"

目 录

萨山、米果、马莎和鲍勃，经历了无数次"污染带来的战栗"，每一次探险都让他们成长，让他们了解到，人类对环境造成的污染给未来世界和人类自身带来了无数的灾难，世界因为污染而发生了恐怖的变化，他们深深感觉到保护环境、爱护环境有多么重要。在接下来的时间里，他们会到很多神奇而又魔幻的城市去，这些城市是利用废弃物、污染物改造而成的，令人称奇。他们开始了新的惊险旅程——为改变自己的家园去获取环保秘籍。

01

汽车彩云屁

前面的天空，出现了一大片火烧云，一朵一朵，有高有低，千姿百态，美轮美奂。

萨山、米果、马莎和鲍勃虽然经历了很多可怕的事，但是，他们也欣赏到了很多美景。今天的火烧云，简直像一幅幅油画，又像开在天空中的烟火，美得令人震撼，美得令人窒息啊！

"我从来没有见过这么漂亮的火烧云！"马莎洁白的面庞被云彩映照得红红的，像一个水灵的桃子。

三个小伙子也在感叹。

突然，萨山大声说："快看，那里有一枚金币！"

大家顺着萨山手指的方向望去，不远处的地上确实有一枚闪闪发亮的金币。

"嘘！"鲍勃示意大家别出声。

"干吗啊，鲍勃？"米果觉得鲍勃小题大做，至于吗？金币又不是活物。

"米果，安静点！"萨山也让大家别乱动。萨山现在已经心甘情愿地听鲍勃的话了，因为鲍勃的几次决断确实精彩，也及时挽救了大家的生命。

鲍勃蹑手蹑脚地走近金币，慢慢蹲下身，把它捡了起来，金币在鲍勃手里仍然努力地散发着光芒。

大家迅速围过来，米果先伸出手轻轻地触摸金币。

"哇，这枚金币一定很值钱吧！可是，我们根本没有地方可以用到它，还不如捡到一块大面包呢！"马莎皱了皱眉头，觉得这枚金币华而不实。

"等等，它是个宝贝！"萨山说。

"是啊！金币当然是个宝贝了。"米果一边爱不释手地摸着金币，一边心不在焉地说。

"你们听我说！"萨山着急了，"我不是这个意思。你们看，金币上刻有两道横杠，而且这上面像图腾一样的花纹……"

"对！就是它，就是它！"萨山激动地说。

"这枚金币是你丢的？"米果略带嘲讽地说。

"你们记得一部电影吗？《盗墓惊魂》！"萨山说完，看向其他三个人，可是大家都摇了摇头。

"听着好恐怖，我从来不看这种电影。"马莎说。

"就是在这部电影里，盗墓者也找到了一枚这样的金币。它是枚幸运币，可以帮人实现两个愿望。"一听说能实现愿望，大家的眼睛都放光了。

"我们回家吧！"大家异口同声地说。

这枚金币确实具有帮人实现愿望的超能力。

大家正在七嘴八舌地议论金币的超能力，远处忽然下起了雨，而且，令人惊讶的是，雨水竟然是粉红色的。

他们兴奋地向雨中跑去，想要看个究竟。

粉红色的雨滴敲打着楼房，滴进草地和街道两旁的花坛里，更神奇的是，这些粉红色的雨滴，打在身上直接就滚落下去，并没有打湿衣服，路上行走的人们，都该干吗继续干吗，没有人加快脚步。大约十几分钟过后，粉红色的雨停了，路面上几乎没有留下什么痕迹。而且，原来他们看到的火烧云也不见了，天空逐渐变成湛蓝色，清澈得像大海一样。

这里的空气好干净、好清新，还散发着淡淡的香味，每呼吸一口，都像吸进了鲜花的味道。

萨山、米果、马莎和鲍勃来到一家小咖啡馆门前，这时，一位美丽的女子像仙女一样飘过来，她穿着一身红色的衣裙，头发长至脚踝处。她望着他们，说："你们看起来很疲惫啊！要不要喝杯咖啡，吃块点心？"这次，大家都没有征求其他伙伴的意见，每个人都一个劲地点头。

坐在铺着淡蓝色格子布的餐桌前，孩子们早就把爸爸妈妈告诫的"吃饭要优雅"忘得一干二净了，一个个狼吞虎咽。他们不仅吃了牛排，还吃了蛋糕，喝了咖啡。同时，他们还听这位名叫"迪丽"的美丽女子给他们讲述的关于这个美丽城市的故事。

这是一座充满想象力的高科技城市，这里住着一位伟大的发明家，他的名字叫"查理"。他发明了一种添加剂，只要把这种添加剂加进汽油中，汽车排放出来的尾气就再也不是有害的、污染环境的气体了，而是一种分子比普通汽车尾气分子更小的气体，它在空中会形成一朵一朵类似云彩的物质，然后慢慢聚集，到一定的时候就以雨的形式落下来，最后消失。这就是刚才他们看到的令人惊讶的一幕。

"从车后面一朵一朵地出来……简直就是彩虹屁！"米果笑得前仰后合。

"拜托，那是云，不是彩虹。"马莎纠正道。

米果控制不住地哈哈大笑，然后继续说道："那就是彩云屁！"

"你干吗什么都要跟屁联系在一起，怪不得你的小狗撒巴嘎也那么爱放屁！"马莎激动地说。

　　"你们俩这是在讲什么呢？哈哈哈哈……"鲍勃看着他们，觉得很好笑。

　　"你们别吵了，认真听。"萨山对他们说道。

"我们能不能见见这位伟大的发明家？"鲍勃激动地说。他希望自己能掌握这项发明，并把它带回卡特罗市，让城市中最大的污染源——汽车尾气消失。

"是啊！请您告诉我们他住在哪儿。"萨山也说。

"他可是一个性格古怪且极难沟通的老头，而且——"迪丽欲言又止。

"怎么了？"大家好奇地睁大眼睛。

"而且他其实很残酷，我担心他会伤害你们。"迪丽美丽的脸上露出了愁云。

"我们能保护好自己。"萨山说。其实，萨山心里在想：只要能拿到净化汽车尾气的发明，就算经历再大的危险也值得。

晚上，大家按照迪丽的指点，来到了一栋独门独院的别墅前，这里其实更像是一个科学实验站。整个院子的围墙已经看不出本身的材料了，因为围墙上长满了绿色的植物，毛茸茸而又密匝匝的，看起来非常柔软厚重。他们找到了大门，还没等大家开始讨论，鲍勃就果断地按响了门铃。

　　"哈哈哈，嘻嘻嘻，嘿嘿嘿。"一阵女人的笑声划破了夜晚的静谧，本来大家就紧张，这声音一传出来，吓得四个人浑身的汗毛都竖了起来。米果掉头就想跑，萨山一把拽住了米果的衣袖。

　　"不是说里面住着一个老头吗？怎么……怎么是女人的声音？"米果吓得结巴起来。

　　"你们再仔细听听。"萨山说，"好像是门铃的声音。"大家安静下来，刚才发出的声音也没有了。

　　"我再试试。"鲍勃又按了一次门铃。

　　"哈哈哈，嘻嘻嘻，嘿嘿嘿。"尖锐的女人声音又出现了，果真是门铃。

　　"变态！"米果小声地嘀咕了一句，"真不知道一会儿出来的会是什么样的奇人呢！"

　　女人的笑声停止了，突然，疯狂的狗叫声响起，而且声音越来越近，一直冲向大门，孩子们还没缓过神来，大门就开了，两个黑影冲了出来。

　　"快跑！"鲍勃话音未落，撒腿就跑，萨山向左跑，米果向前跑，鲍勃往右跑，马莎一时不知道该跟着谁跑，犹豫了一下，就被黑狗咬住了裤脚，动弹不得，另一只狗直冲着米果追去，可怜的米果脚下被什么东西绊了一下，摔进了几步外的花坛中。

这时候，从院子里又窜出来几个黑影，这几个黑影明显不是狗，而是人的样子，他们迅速把米果和马莎抬进了院子，然后，大门无声无息地关上了。

鲍勃和萨山跑了几分钟之后，发现没有狗追过来，就停下脚步，这时他们发现，米果和马莎不见了。

萨山和鲍勃焦急地赶回来。

"我要进去救他们！"萨山抬手就要去砸门。

鲍勃一把拽住他的手，说："我知道你着急，但是，他们看起来不是很友好，我们必须想个好办法才能行动。"

话说萨山和鲍勃在想办法的时候，马莎和米果进去以后是什么情形呢？

马莎和米果被拖进了院子里，然后，又七拐八拐地进入了一个像实验室的房间。他们被放在一张沙发上，嘴里的布被拿了出来。

"放我们走！"

"你们凭什么抓我们？"马莎和米果终于可以说话了。

刚才抓他们的几个人，现在一个都不见了。

"嗯？怎么没人了？"米果环顾四周。

"是啊！有人我们还能谈判一下，这下可好，我们跟谁说去啊？"马莎这次还真没害怕，她已经越战越勇了。

这是一间实验室，里面摆放了很多瓶瓶罐罐，还有各种按钮。在一个显著的位置，还有一个大大的储气罐，"咕嘟咕嘟"地冒着气。在房间的四周，还有好多仪表盘，而且每个仪表盘里的红色指针或顺时针走动，或左右摇晃着，并发出"滴答滴答"的响声。这里的景象让你觉得这个房间充满了危机，好像随时要爆炸似的。

突然，一个洪亮的声音盖过了所有仪器的声音："欢迎欢迎！"

这是谁发出的声音？听起来彬彬有礼，难道这只是表面现象，残酷的老头接下来要露出狰狞的面目了？

这时候一个又瘦又高的白胡子老头出现在他们眼前，米果和马莎使劲眨了眨眼睛，他是怎么进来的？仿佛是凭空出现的，一瞬间就在眼前成像了。

他足足有两米高，留着白花花的胡子。

"这里的人怎么这么喜欢蓄毛发。"米果心里犯嘀咕。

"您好！您一定是查理吧？"米果说，"我们来自卡特罗市，我们是特地来向您取经的。"

"是的，我们知道您有一项伟大的发明，您真是太了不起了。"马莎也赶紧接话。

"我知道你们是来要我的发明的。"老头说这话的时候，脸色突然变得严肃起来。

"是我告诉他的。"多么熟悉的声音。

米果和马莎还没想起来是谁，眼前便闪过一团红色。天哪！出现在他们眼前的竟然是迪丽。

"你？"马莎张大了嘴巴，话还没说完。

"你什么你？"迪丽打断马莎的话。不论多么美丽的容貌，只要配上凶恶的表情，都会让人觉得恐怖。现在的迪丽，和刚才在小咖啡馆门前遇见的美丽女人，已经是天壤之别了。

"我们做了上千次实验，无数人因为吸进汽车尾气而死亡，难道我们会轻易地把这项发明交给你们吗？"

说着，她拿起实验台上的一个粉色瓶子，说："看到了吧？这就是我们研制的尾气升腾原液，学名叫'K3RHTB-NO1'。"

"哦，迪丽，请你们别生气。你知道汽车尾气是真的能置人于死地的，你一定不希望有更多的人因为尾气污染而受到伤害。"米果开始晓之以理。

就这样，他们谈判着，时间一分一秒地过去了。

这时候，外面的萨山和鲍勃实在等不及了，不知道米果和马莎遇到了什么危险，于是忍不住翻墙潜进来。他们已经商量好了，一旦找到米果和马莎，他们就使用金币的超能力逃走。

他们蹑手蹑脚地在走廊中寻找着，好在黑狗只在院子里守护，他们已经成功躲过黑狗的视线了。

这边，米果、马莎还在与迪丽和查理谈判。可是，查理显然已经不耐烦了，只见迪丽示意查理弯下腰，她要和他说悄悄话。

查理弯下腰，听她讲完之后，说："好吧！我答应把我的发明给你们。"

"真的？"马莎和米果高兴地击掌。

"没有条件？"米果问。

"想得美！没有条件不成交易。"迪丽好像比查理还要阴险狡猾得多。

"你们就给我好好待着，等你们的另外两个伙伴来了，我一起处置。"

米果心里非常担心：萨山、鲍勃，你们千万要机智勇敢，别落入虎口啊！

"来人！"迪丽大喊了一声。

刹那间，几个黑衣人从天而降，他们抓着马莎和米果的手臂，就往另外一个房间里拖。

"你们要干什么？"米果一边挣扎，一边大声喊道。

"萨山、鲍勃，救救我们！"马莎吓哭了。

"哈哈哈！"迪丽尖声大笑。原来，门铃的声音是迪丽录的。

米果和马莎被带进了一间小屋子，屋子里有一面墙，墙上有各种按钮，这些按钮有红的和绿的两种颜色。在墙的另一侧，悬挂着一个很大的仪表盘，上面显示的数字是60。墙的对面是两张金属材质的床，像太空舱一样。黑衣人把他们分别按倒在这两张床上，只听见"咔嚓咔嚓"几声清脆的金属声响，米果和马莎的手脚分别被扣上了金属环，动弹不得，而且，脖子上也被套上了铁环，这下可好，头也动不了了。

接下来，会有什么等待着他们俩呢？

鲍勃和萨山贴着走廊的墙壁一点一点向前移动，一路上有好几个房间都开着门，或者有开着的窗户，他们没有发现米果和马莎的影子。于是，他们来到了走廊尽头的房间。这个房间不同于其他房间，厚厚的大门没有窗户，门上贴着一个标志——是一个骷髅头，头上冒着黑烟。鲍勃指了指这扇门，萨山点了点头，他们都认为马莎和米果一定是被带到了这个房间里，而且查理发明的东西也很有可能会在这里。但是，要想进入这扇门，可不容易，因为门上有密码锁，不知道密码，根本无法打开。

两个人面面相觑，不知道从何下手，一旦按错密码，就有可能导致警报响起，后果不堪设想。

这时，鲍勃拍了拍萨山的肩膀，把手指放在数字键盘上，然后闭上眼睛，慢慢地挨个摸起来。

萨山屏住呼吸，看着鲍勃，心里想：行啊！难道他会盲文？

马莎和米果被锁住四肢和头部之后，只见一个黑衣人走到全是按钮的墙前面，按下了一个红色的按钮，床就自动竖起来了，米果和马莎被迫站立起来，床板变成了靠背。

这时候，米果和马莎听到一段对话，吓得他们倒吸了一口冷气。

"迪丽，你看这个！这是今天上头给我的最后通知，要我必须把'K3RHTB-N01'交出去，否则就采取强制手段了。"是查理的声音。

"凭什么交给上头？这项发明是我们辛苦研究出来的！"迪丽说。

"我们就算跟他们拼了，也决不能把这些'K3RHTB-N01'交给上头，那样，我们就赚不到钱了。我们把实验站毁掉吧！然后我们从密室逃走。"

"萨山什么时候来啊？"马莎哭了起来，"我们就要死了。"

鲍勃根据按钮上数字的磨损程度，判断出经常使用的几个数字，他照这样按了下去，大门"咔哒"一声，慢慢打开了。

萨山在鲍勃的肩膀上轻轻拍了一下，以示称赞。

他们慢慢进入实验室，突然，警报声大作，原来萨山和鲍勃被发现了。于是，黑衣人、迪丽和查理全都跑了出来，把萨山和鲍勃团团围住。

"你们终于来了！"迪丽说，"等着一起去送死吧！"

看到迪丽，萨山和鲍勃真是大吃一惊。"原来你是坏人？"鲍勃一紧张，竟然这样问。

"对，但我是个有才华的科学家。"迪丽回答。

"快告诉我们，马莎和米果在哪里？你们把他们怎么样了？"

　　"我们对于所有来要我们实验成果的人决不手软，除非你们给我们1000万元，我们才能把这项发明给你们。"查理接着说。

　　只见鲍勃上前一步，说："好！说话算数！你把人放出来，我们就给你们这些钱。"

　　"鲍勃，我们哪有这么多钱啊？"萨山担心地问。

　　"放心！"鲍勃向萨山使了个眼色。

　　这时候，迪丽向几个黑衣人耳语，只见黑衣人慢慢向房间的另一个门移动，突然一个急转身，冲向了萨山和鲍勃，其中两个黑衣人分别抓住萨山的胳膊和腿，另外两个黑衣人同样抓住鲍勃的胳膊和腿，任凭他们挣扎或大喊，都无济于事。最后，黑衣人把他们丢进了关押马莎和米果的小实验室里。

　　看到萨山和鲍勃也进来了，米果非常绝望："我的天哪！我们还怎么出去啊？你们知道吗？他们马上就要引爆这个实验站，毁掉所有的实验成果，我们不仅拿不到'K3RHTB-N01'，甚至连小命都保不住了！"

　　"啊？"萨山和鲍勃大吃一惊。

"快帮我们把金属环打开呀！"马莎哭喊着。

鲍勃和萨山这才回过神来，帮马莎和米果解除束缚。突然，外面又一次响起了警报声。

"不好！他们要引爆炸弹了！"米果说。

"好像不是，是警车的声音。"鲍勃说。

果然，接下来就听到有人喊话："请你们尽快交出'K3RHTB-N01'，这是全人类的财富，我们要用它来拯救所有被污染的国家和人民。"

"我们有救了。"马莎高兴地摇晃着萨山的胳膊。

正当大家充满希望地等着警察来救他们的时候，意想不到的事情发生了。房间里的灯熄灭了，墙上的仪表盘变得十分耀眼，更耀眼的是，仪表盘上原本的数字60开始变化了，59、58、57、56……

"不好，一定是炸弹要被引爆了！"萨山大声喊道。

"快快想办法啊！"马莎尖叫着。

"启动我们的许愿金币。"鲍勃果断地说。

"可是，一旦把愿望用完了，我们就不能回家了！"米果说。

"我们必须完成两个愿望，一个是让我们逃离这个实验站，另一个就是要保留一个'K3RHTB-NO1'并将它交给政府，用来消除我们全世界的汽车尾气污染。"

"天哪！"只见马莎瞪大了眼睛，一只手捂住嘴，一只手指着仪表盘。大家看过去，30、29、28……

"闭上眼睛，做好准备，无论怎样我们都要在一起。"鲍勃说完，萨山掏出金币，就像电影里那样，认真地对着金币说："请让我们离开这个实验站，并带走一瓶'K3RHTB-NO1'，谢谢！"话音刚落，只听一声巨响，大家就什么也听不到了……

每个人都感觉自己的身体在飞，越飞越高，越飞越高，然后慢慢下沉，下沉……

不知是谁第一个苏醒过来，其他三个人也都慢慢醒了过来，就像刚刚睡了一觉似的。

他们的身边围着好多人。这时候，有一个披着斗篷的长者和他们一一握手："谢谢你们！你们为我们拿到了宝贝，为有汽车的国家杜绝污染做出了巨大的贡献啊！"

"为了嘉奖你们勇敢的行为，我们会送给你们一件非常好的礼物。"长者露出了神秘的表情。

这位长者会送给他们什么礼物呢？这件礼物是他们最需要的吗？

玛莎老师对你说

这个故事虽然听起来有点令人难以置信，不过汽车排放出来的有害气体确实是引起城市污染的一个重要因素。

科学家们要是真的能发明出这种可以净化尾气的汽车彩云屁，那么城市里的空气污染问题就都能顺利解决了！在故事中，萨山、米果、玛莎和鲍勃又一次把能实现回家愿望的机会让了出来，我深深地被他们的行为感动了，你们能猜出最后长者送给他们的礼物是什么吗？

萨山掏出金币，认真地对着金币说："请让我们离开这个实验站，并带走一瓶'K3RHTR-NO1'！"话音刚落，只听一声巨响，大家就什么也听不到了。醒来之后，他们又遇见了绿色的猫，这次可不是要讲笑话了，他们要一起打败巨无霸蚊子。

02

拯救猫的
巨无霸蚊子

一边是平静的海面，一边是茂密的森林，微风轻轻吹过，萨山、米果、马莎和鲍勃沿着岸边慢慢走着，如果他们不是穿越到这个世界来，找不到回家的路了，这样美好的景色，真的很让人陶醉且流连忘返。

"嘿，这地方还挺美的呢！"鲍勃一边环顾着四周，一边赞叹道。

"我怎么觉得这个地方我们来过呢？"马莎也环顾四周，说道。

"依山傍水，确实很美啊！"米果情不自禁地说。

"来过！我们确实来过！"萨山很肯定地说。

大家都停下脚步，仔细辨认，认真回忆，到底什么时候来过？这里发生过什么事情？

突然，左侧的草丛晃动了一下，只见一个绿色的东西"嗖"的一下，钻到一片黄色的花丛中了。

鲍勃追过去看："刚才那个绿色的是什么东西？我差点把它当成猫了。"

　　"猫？对，猫！"马莎大声地说着，还拍了拍米果的肩膀，"你记得那些奇怪的猫吗？"

　　米果眼睛一亮，也回应马莎，在她的肩膀上拍了一下："对啊！绿色的猫！"

　　"萨山，你难道还没想起来？"马莎看着发愣的萨山问。

　　"哈哈哈哈哈！"萨山哈哈大笑，大家面面相觑。

　　"你怎么了？"马莎摸了摸萨山的额头。

　　"别摸了，我没病，我想起我们拯救猫咪时讲的笑话了，笑死我了。"萨山终于想起来了。

　　鲍勃好奇地睁着大眼睛："嗨，伙计们！快讲讲，到底发生过什么事情？"

　　于是，米果、萨山和马莎你一言我一语，给鲍勃简单地讲述了一个关于变色猫的故事。一群猫，因为吃了被海水污染的鱼之后，皮毛变成了绿色，性情变得十分狂躁，纷纷跳入海中。最后，他们想尽办法把这群猫逗笑，让它们的血液循环加快，不断产生热量，使毒素排出体外，绿色的皮毛才一点一点地变回原本的颜色。

大家一边说着，一边往前面走，不知不觉就进入了一个有着石拱门的小村子里。

这个村子好奇怪，竟然没有房屋，小小的街道两旁竟然摆放着一排又一排奇怪的冰箱。

"不会吧？怎么会有这么奇怪的村落？"米果轻轻地摸着这些冰箱。

马莎也伸手摸了一下白色的冰箱，说："还有温度嘞！"

"那就说明这些冰箱在制冷。"鲍勃胸有成竹地告诉大家。

"是冻肉？""冻鸡翅？""冰淇淋？"大家好奇地猜着。

"难道是什么奇怪的东西？"米果调皮地说。

"啊！你不许吓唬人。"马莎收回了还在抚摸冰箱的手。

"问问不就知道了吗？"鲍勃说。

"萨山，你打开看看不就知道了吗？"米果话音刚落，就被马莎当头敲了一下。

"你自己怎么不去开啊？干吗把这危险的事情让别人去做！"马莎说。

"多谢了，我正等着有人给我开冰箱的指令呢！"米果一脸坏笑，把手伸到一台银灰色冰箱的把手上。

"别动！"萨山大叫道。但是，为时已晚，米果已经把门拉开了。所有人的猜测都错了，这里没有什么冻肉、冻鸡翅，更没有冰淇淋！

冰箱门被打开的一瞬间，一股黑色的东西带着风，"嗡"的一声从冰箱里飞出来。

"天哪！竟然是活的东西。"大家吓得蹲下身来，躲过这群黑色的东西。仔细一看，竟然是超级大的蚊子，足足有五六岁孩子的手掌那么大，几只小腿高高地把身体支起来，尖尖的嘴巴看起来比钢针还锋利，这要是扎进人的身体里，别说是吸血了，就连骨髓都能被吸出来。只见这群巨无霸蚊子聚集在一起，像在做体操，它们一会儿像一条黑绳

子一般，甩向高空，一会儿又像一片黑色的流星雨
一般，落进旁边的树丛中，"嗡嗡"声不绝于耳。

"怎么办呀？"大家面面相觑，好像这些大蚊

子比曾经遇到的那些怪人更可怕，四个伙伴一动也
不敢动。

"嘘！"鲍勃示意大家别出声。

鲍勃悄悄地说："你们看到前面那个小山坡了吗？那里面的草很高，等蚊子跑远了，我们可以藏在那里，到时候听我的口令。"

所有人都非常信任地朝鲍勃点点头。鲍勃毕竟年龄比他们大，又是魔术师，他的很多办法经过实践检验是非常有效的。

过了几分钟，"嗡嗡"声似乎没有了，大家左看看右看看，也没有在附近看到那群黑色的巨无霸蚊子。

只见鲍勃将小胖手一挥，准备下命令，没想到动作太大，竟然砸到了旁边的冰箱，更没料到这台冰箱摆放得不稳，竟然摇摇晃晃了几下，吓得萨山赶紧起来扶住它。但是，意外的事情发生了，冰箱的门开了，又是一股黑风，带着"嗡嗡"的声音冲了出来。

"快跑！"鲍勃也被这景象吓得失控了。于是，大家开始向那座小山坡狂奔。

只见那群黑色的蚊子，也马上调转方向，在他们的头顶上盘旋，孩子们用手护着头，一边跑一边还忍不住往上看，就担心蚊子俯冲下来，把针扎进自己的身体。

就在这时，鲍勃突然脚下被绊了一下，一下子摔了个嘴啃泥！结果，紧跟其后的米果没有刹住脚步，也摔在鲍勃身上了。紧接着，萨山、马莎都被急刹车的人给绊倒了。只见那些巨无霸蚊子突然停在了半空中，几秒钟定格后，猛然快速冲上天空，然后一个猛子扎下来。这时，蚊子的队形已经混乱了，一找到好吃的，就全都没了规矩，一股脑扑向他们。

接下来，就是无比惨烈的尖叫声和热辣到浑身每个关节和肌肉都在抖动的"非洲民间舞蹈"。

四个人虽然奋力地与蚊子做着斗争，但也已经被咬得浑身都是包了。突然，一只猫进入大家的视野中，接下来，两只、三只、四只，不一会儿，就有无数只猫围拢过来，它们全身上下都是绿色的。这时候，奇怪的事情发生了。蚊子开始不再叮咬孩子们，不知是在哪只蚊子的带动下，开始转移进攻目标，冲向这些绿毛猫。每只猫的身上至少围着四五只巨无霸蚊子，绿毛猫也发出了痛苦的惨叫声，并在地上不停地翻滚着，而巨无霸蚊子则疯狂地叮咬着绿毛猫。

萨山、米果、马莎和鲍勃互相搀扶着，摇摇晃晃地站了起来。

"有没有火种？"萨山问。

"我们点上火，烧一些干草，也许就能把蚊子熏走了，我们要救救这些猫啊！"米果也不顾自己手臂上的大红包说。

"它们会死的啊！"马莎都快急哭了。

"不会的！它们救了你们，而蚊子正在解救它们。"突然，身后传来一个奇怪的声音。大家回头一看，全都惊呆了。站在他们身后的，竟然是那只猫首领——大黑猫。

"见到你们真是太高兴了！"大黑猫说，"上次你们讲笑话真的救了我们的猫。"大黑猫还要继续说，但被鲍勃打断了，他走上前一步，说："你别再说这些客套话了，赶快救救你的小伙伴们吧！"

黑猫淡定地看了一下在地上翻滚着的小伙伴

们："还得等一会儿。"

"你太残忍了，哎呀，我的手、手臂都出血了。"马莎疼得龇牙咧嘴。

大黑猫说："都怪我，只顾着跟你们打招呼了，得赶快给你们治病。"

只见它连蹦带跳地钻进草丛中，一眨眼的工夫就出来了，嘴上叼着一束艳丽的小花。

黑猫把这束花扔在脚下，然后把这些小花放进嘴里，大家蹲在它的旁边，安静地看着它。它把花嚼碎之后，分别涂在萨山、米果、马莎和鲍勃的伤口上。涂完后它说："这样你们就不会中毒了。"

"谢谢你，大黑猫。"米果说。

"自从跟你们分开后，还是有很多猫吃了海里的鱼，都长出了绿毛，性情变得怪异。"大黑猫看大家都很认真地听，没有人要提问的意思，就继续说，"后来，我们发现了一个解救猫的好办法——就是这些特拉塔蚊子。我们白天把它们存放在冰箱里，让它们饿到极限，极尽疯狂，然后，晚上把它们放出来，它们就会狂吸猎物身上的血。绿毛猫血液里的毒素就会被这些蚊子吸出来。慢慢地，恢复几天就好了。"

"但是，现在还没到晚上呢！"鲍勃说，"难道你是特意为了救我们？"

"聪明！老兄，你猜对了。上次你们救了我们很多猫兄弟，这次你们遇到危难，我们肯定是要帮忙的。"

"所以，看到你们被特拉塔蚊子叮咬的时候，我们就决定提前把绿毛猫放出来。蚊子一看到它们，肯定就不会咬你们了。"

"快去看看我们的猫兄弟吧！"大黑猫说完一跃，就跳到前面去了。

大家也跟了过去，只见地上躺着几十只白猫、黑猫、灰猫，还有其他各种颜色的猫。

"哦，天哪！它们竟然恢复了本色。"大家看到这个情景都惊呆了。

猫被蚊子拯救了。

玛莎老师对你说

如果把一种变异的动物培养成一种可以拯救其他物种的工具，这也是人类发明技术的一大进步。没想到，变异的巨无霸蚊子可以拯救吃了海洋里被污染的鱼而被染成绿毛的猫。但是，我们也不希望蚊子变异成巨无霸的样子，那杀伤力可太大了！你们有没有觉得这里的蚊子立了大功呢？

　　当萨山、米果、马莎和鲍勃被特拉塔蚊子叮咬的时候，大黑猫就决定提前把绿毛猫放出来，蚊子看到猫后就转移了攻击目标。

　　四个人又见到了金蝴蝶，随着马莎的一声尖叫，大家终于明白发生了什么事，金蝴蝶像一个巨大的、破损的风筝一样，静静地趴在草地上，永远地闭上了眼睛。

03

金蝴蝶之死

萨山、米果、马莎和鲍勃四个人谁都没有想到，那只曾经帮助过他们无数次的金蝴蝶，竟然又和他们见面了，而且就在他们现在所在的霍斯城。

萨山、米果、马莎和鲍勃沿着山中小路行进着，一路上听着鸟语，闻着花香。然而，从山坡上，他们却看到山下面火光冲天，难道那里着了山火？大家加快了脚步，冲下山去。

离近了才发现，整个霍斯城的城墙是一片火墙，火苗此起彼伏，蹿得老高，什么鸟儿都别想飞进去，当然也别想飞出来。

大家也只能站在离火墙远远的地方张望，猜测着：这个霍斯城里到底住着什么奇人怪兽，被大火禁锢在里面？

这时候，一个金色的、耀眼的东西穿过烟雾，跌跌撞撞地飞到他们眼前，有气无力地落在地上。这时，大家才看清，原来是一只硕大无比的金蝴蝶。

"啊！是你！"萨山一下子就认了出来。

"原来是你们！"金蝴蝶也惊讶地说。它的声音还是那么尖声尖气，但是显然底气不足，非常虚弱。

这就是萨山他们曾经在蝴蝶王国遇到的金蝴蝶，因为吃过三聚氰胺而发生基因突变，长相怪异。

"你怎么在这里？"米果靠近了金蝴蝶，温和地问它。

只见金蝴蝶身上的金粉（鳞片）脱落得所剩无几，翅膀边缘还被火燎到了。

金蝴蝶虚弱地给大家讲述了它的遭遇。

金蝴蝶身上的金粉，也就是鳞片，被人或者动物吃下去以后，人或动物会出现过敏反应，严重的话会因淤血而出现胸闷、失声等症状。如果使用多了，会导致中毒。

有一伙蒙面强盗看中了金蝴蝶身上的鳞片。他们放火把金蝴蝶的家园烧了。然后，把金蝴蝶引到霍斯城，点上终年不灭的火城墙，把金蝴蝶控制在这里，不断地搜集金蝴蝶身上的鳞片，把它们制成毒药，准备用来毒死一些可能会阻碍他们抢夺金银财宝的"敌人"。但是，大家都知道金蝴蝶身上的鳞片是用来吸收和散发热量，维持体温的。如果鳞片没了，金蝴蝶基本上也就没法生存了。正是由于这样，金蝴蝶现在都被折磨得精疲力竭，奄奄一息，很快就要熬不住了。这只金蝴蝶是趁着火墙有一处火苗有点微弱的时候，冒着葬身火海的危险，飞出来的。

萨山、米果、马莎和鲍勃围坐在金蝴蝶身边，陷入了沉思，他们在思考着，看看能不能想出一个好办法来拯救金蝴蝶。

"其实，我们的任务很艰巨，不仅要帮助蝴蝶逃离火海，还要找到那些用鳞片制成的毒药，我们必须销毁毒药。否则，不知道会危及多少动物和人的生命。"鲍勃一边说着这些话，一边用手紧紧地按住米果的肩膀。

"还有可能会污染自然环境。"萨山补充道。

大家都意识到了问题的严重性。

"金蝴蝶，这火一直都像这样燃烧吗？"马莎问道，"就没有熄灭的时候？"马莎的问题一提出来，大家都睁大眼睛等待着金蝴蝶的回答。

金蝴蝶好像很难受，有气无力地说："每天半夜12点，火就变得很微弱，几乎要熄灭了。这时，那伙强盗就会派一伙人，拉着输油管，绕着城墙浇灌助燃油，让火烧得旺起来。"

"我们只有这个机会可以利用。"萨山说。

"等下，兄弟们，咱们还不知道毒药藏在哪里呢？"马莎问。

"咦？马莎同学，你越来越有经验了，今天的几个问题提得相当有水平了！"米果拍了拍马莎的肩膀，赞扬道。

"哼，别小看我，我现在可是一名侦探了！"马莎绝不谦虚。

"我知道毒药藏在哪里！"金蝴蝶说。

"伙伴们，我有办法了！"萨山拍了拍大家的肩膀，说出了自己的行动计划。

虽然马莎、米果都提出了自己的担心，但是鲍勃却充满信心："没问题，只要我们小心，齐心协力，一定能成功。"

于是，趁着天还没有完全黑下来，他们进入了战备状态，而金蝴蝶则留在原地休息。

因为半夜加助燃油的强盗们是从城外来的，所以，伙伴们在城堡周围画出几条射线，然后，找来许多干草铺在射线上，铺得又多又厚。

也不知干了多长时间，天已经完全黑了下来，火墙上的火苗真的开始弱了下来，这就预示着添助燃油的时刻快到了。

突然，远处传来"轰隆""轰隆"的声音，大家马上紧张起来，金蝴蝶也做好起飞的准备，只见远处一团黑黑的东西正慢慢地向这边移动。

萨山、米果和鲍勃慢慢起身，走近火墙处，他们每个人取了一束火种，等待着那团黑影临近，然后点燃了他们事先铺好的干草。瞬间，干草燃烧起来，在那团黑影面前形成了一道火墙，挡住了他们的去路。黑影们被面前的火墙吓到了，想往回跑，后面又燃起了一道火墙，阻挡了他们的退路。

而这时，霍斯城火墙上的火光却越来越小。现在，养好精神的金蝴蝶又一次鼓足劲，振翅高飞，而这次，它的身上还背着萨山、米果、马莎和鲍勃。

一个人用手环住另一个人的腰，把头埋在衣服里，金蝴蝶穿过浓烟，飞过了霍斯城的火墙，慢慢地在霍斯城落下。城里如此安静，视野间，到处都是有气无力的巨大蝴蝶，有趴在地上的，也有耷拉在树枝上的，看起来如此可怜。只听金蝴蝶发出了一声非常尖锐的叫声，所有或虚弱、或睡着的蝴蝶们，都抖动翅膀立了起来，有的已经飞到了他们身边。

萨山、米果、马莎和鲍勃已经来不及跟它们打招呼了，趁着那伙强盗还没有反应过来，等火墙的火再熄灭一些，就可以飞走了。现在，他们得抓紧时间找到毒药。金蝴蝶带着萨山、米果、马莎和鲍勃落在一幢又高又大的木房子上。房子看起来非常雅致，房檐上刻了很多花纹和图腾，房顶上有一个高高的烟囱。

"在这里生产毒药，真是浪费了这幢美丽的建筑。"马莎很遗憾地说。

"唉！接下来，它有可能会彻底消失在火海里了。"萨山也很惋惜地说。

"我们从哪儿进入呢？"鲍勃和大家一起从金蝴蝶身上爬下来。

"还找门？别逗了！"萨山这回可真果断，"金蝴蝶，拿火种来！"

金蝴蝶又发出一声尖叫。只见远处飞来一丝亮光，一只蝴蝶衔着一束火种飞来。萨山接过火种，慢慢地走向木房子，然后大声说："快闪开！"然后，使出全身的力气，把火种抛向房子，只听见"噼噼啪啪"的声音，房子上的干草开始燃烧起来，借着风，火势越来越大，房檐着火了，房顶着火了。几分钟后，整幢房子都燃起了熊熊大火。"我们撤吧！"鲍勃大声说。火光映照着大家的脸，连金蝴蝶都成了"红蝴蝶"。

就在这紧要关头，令人不可思议的情景出现了，所有的蝴蝶，都开始向这边聚拢，就像飞蛾扑火一般。

房子彻底烧着了，慢慢地，一股股青烟在火光的映衬下，忽而变成蓝色，忽而变成红色，像蘑菇云一般，升腾起来，又慢慢扩散成各种你能想象得到的形状，空气中弥漫着一股烤橡胶的味道。

"不好，我们快跑吧！这是那些鳞片制成的毒药的味道。"萨山捂住鼻子说，"我们会被毒死的。"

然而，他们还没来得及跑远，就被眼前的景象惊呆了，所有的蝴蝶在烟雾中飞翔着，穿梭着。不难看出，它们喜欢这种味道，因为它们都在疯狂地大口吸着。眼看着金蝴蝶变得很有力量，翅膀变得光滑饱满，而且竟然变得越来越小，越来越像一只只正常的蝴蝶了。

"天哪！"马莎大叫道，"它们喜欢这种味道。不只是喜欢，这是来源于它们，又还给了它们。"

"以毒攻毒？太好了！"大家高兴坏了，没想到，毁掉了毒药库，竟然能够解救蝴蝶，恢复蝴蝶本来的面目。

但是，伙伴们已经感到窒息和胸闷了。这时

候，只见金蝴蝶落在他们面前："快上来，我送你们出去。"

"可是，你也要吸一吸这些毒气啊！"大家七嘴八舌地说，"看，你的同伴们都变成正常的蝴蝶了。"

可是金蝴蝶接下来的一句话让萨山、米果、马莎和鲍勃感动得眼泪都流下来了。

金蝴蝶说："还是先把你们安全送走吧！我要是变成正常的蝴蝶，谁来载你们飞出去啊！别说了，快点吧！过一会儿，强盗们可能又会跑出去重新加助燃油的。"

四个人已经开始变得虚弱了，因此只能趴在金蝴蝶身上由它载着飞出去。

金蝴蝶又尖叫了一声，它一定是在告诉大家要赶快撤离霍斯城。

果然，美丽的小蝴蝶们，就像天空中的小雪花一样，高高地飞起来，向着远处飞去。

当金蝴蝶快飞到城墙边上的时候，突然，火光冲天，不出所料，强盗们增派了人手，火墙被重新点燃。但是，大家很欣慰，蝴蝶们都飞走了。金蝴蝶用尽全身的力气，冲向两个火束中间还没有燃起的空隙，终于飞了过去。

慢慢地，慢慢地，金蝴蝶落在了树林中的一个小湖边，大家"叽里咕噜"地从金蝴蝶身上滚了下来，趴在小湖边，使劲地狂饮清水。过了好一会儿，大家都恢复了力气。

"哈哈，我们又逃过一劫，真棒！"四个人击掌庆祝。

"天哪！金蝴蝶……"随着马莎的一声尖叫，大家终于明白发生了什么事，金蝴蝶像一个巨大的、破损的风筝，静静地趴在草地上，一动也不动了。

它彻底没有力气了，它错过了最好的机会飞回去吸收那些能够让它恢复本来面目的气体，它为了把萨山、米果、马莎和鲍勃安全地救出来，也为了救出它的蝴蝶伙伴们，牺牲了自己的生命。

大家默默地找来青草，盖在了金蝴蝶的身上。他们希望金蝴蝶在另一个世界里能够翩翩起舞。

玛莎老师对你说

　　写这篇故事的时候，我是流着眼泪写完的。金蝴蝶是一只了不起的蝴蝶，它无数次在危难的时候帮助萨山、米果、马莎和鲍勃以及其他被污染伤害的动物们。这一次，它用生命完成了最后的使命。让我们一起祈祷，金蝴蝶能够继续在另一个世界里起舞，也希望世界上没有污染，再也不会有任何生命被伤害。

金蝴蝶为了把萨山、米果、马莎和鲍勃安全地救出来，拼尽了最后的力气，牺牲了自己的生命。

　　突然，附近传来嘈杂的声音，大家驻足，循声望去，只见雾气中人影绰绰，听声音好像争吵得很激烈，于是大家加快脚步，向人影走去。

04
雾霾遇上
碰碰香

大家一路摸索着向前行走，方圆二十米之外什么也看不清楚。"雾好大啊！"萨山拉着马莎，马莎拉着米果，米果拉着鲍勃，这四个人的排序永远都是这样。

突然，附近传来嘈杂的声音，大家驻足，循声望去，只见雾气中人影绰绰，听声音好像争吵得很激烈，于是大家加快脚步，向人影走去。

果然，一伙人正在争执，围观的人们把他们团团围住，四个伙伴一会儿跳脚，一会儿伸长脖子，一会儿又弯下身子，试图从人缝中钻进去看个究竟，但都无济于事。于是，他们问身边看热闹的人，里面的人到底为什么争吵。这时，一个穿黑色雨衣的人转过身来，当大家和他面对面的时候，吓得几乎要趴下了。只见这个人长长的头发遮住了半张脸，胡子也很长，最吓人的是，他的眼睛是凸出来的，像两坨果冻一样，仿佛随时要溢出来。他低声说："那个胖子竟然用他肥硕的脚踩了那个瘦子干瘦的脚。"

"啊？就为这点事啊！"马莎和萨山窃窃私语。

米果和鲍勃禁不住呵呵地笑了："这都是些什么人啊？一点火就着，至于吗？闲得没事做了。"话音刚落，只见另一个穿着黑色雨衣的人，一个箭步上来就给了鲍勃一拳，这一举动让四个伙伴蒙了。还是米果先反应过来，一把揪住那个人的胡子："你凭什么打人？"鲍勃反应过来，也拽住那个人质问道："你们为什么不能好好讲道理？只会使用暴力吗？"另外一些穿黑色雨衣的人也过来推搡鲍勃。萨山气不过，眼看又一场争斗要爆发了。刹那间，几十个身穿黑色雨衣的人，都从前一场争斗中转过来，开始加入和萨山、米果、马莎、鲍勃的撕扯中。虽然他们的容貌看起来很吓人，但是个个都很虚弱。萨山、马莎、米果和鲍勃揪住他们的胡子，这些穿着黑色雨衣的人就只会狂叫，乱抓乱挠。正当大家打得不可开交的时候，突然，天空中传来了一个特殊的声音。

　　于是，这些穿着黑色雨衣的人似乎得到了命令，都松开了手，萨山、马莎、米果和鲍勃也松开了他们的胡子。这些人，慢慢聚拢，站成了比较整齐的队形。

　　萨山、米果、马莎和鲍勃整理好自己的衣服，等待着接下来要发生的事情。

　　只见，有灯光越来越近，原来是一辆马车。马车上有红色的车篷，四个角上挂着红色的流苏，拉车的马也是一匹棕红色的马，马的头上和身上挂着铃铛，走起路来，"叮当叮当"响个不停。这马车装扮得可真帅气，但是，仔细观察那匹马的时候，大家不禁倒吸了一口冷气，因为那匹马的眼睛竟然也是凸出来的，像两坨更大的黑色果冻。

　　马车缓缓地停在了四个伙伴面前，一个身穿黑色雨衣的人跑上前，低头屈膝，撩开红色的门帘，从里面扶出了一个穿黄色雨衣的人。

"这一定是国王吧？"马莎悄悄地问旁边的萨山。

"肯定是首领。"萨山的眼睛一直没有离开过那个穿黄色雨衣的人。其实，每个人都想看看这个穿黄色雨衣的人是不是也长着长头发和长胡子，也有果冻状的眼睛。因为所有穿黑色雨衣的人，甚至连棕红色的马都长得一模一样。

当穿黄色雨衣的人抬起头时，大家发现，这个人长着一双与正常人一样的眼睛，炯炯有神。

"谢天谢地，总算有一个正常人了。"米果悄悄地跟其他三个人说。

"你们真是大胆！"大家的窃窃私语被如雷贯耳的声音打断，原来是这个穿黄色雨衣的人发话了。

"你们居然为了点芝麻大的小事起冲突，还对来到我们国家的客人这么不尊重。"说完，穿黄色雨衣的人转向萨山、米果、马莎和鲍勃，并深深地鞠了一躬，"对不起，我的臣民总是这么暴躁，无法控制，是我管教不好，请你们原谅。"

"我是利达威尔国的国王，请叫我'利达'。"

四个伙伴突然被国王如此礼貌的举动震惊到了，一时不知所措，还是马莎机灵，第一个反应过来，她稍稍屈膝，做了一个在舞台上谢幕的动作："国王陛下，也请您原谅，我们不应该没忍住，和您的臣民发生冲突。"

"是啊，是啊！"三个小伙子也反应过来，马上不停地道歉。

"哈哈哈哈。"国王爽朗地大笑起来。

"好了，这事就过去了。你们是从哪里来的？到我们这儿来做什么？"国王好奇地询问道。

于是四个伙伴你一句我一句，把他们怎么从学校穿越到未来世界的经过，一路上经历过什么事都讲给利达国王听。

"那您能不能也告诉我们，这里是'雾城'吗？"米果一边揉着刚才被弄疼了的胳膊，一边问道。

还没等国王回答，鲍勃紧接着问："这些人的眼睛为什么都是凸出来的？甚至连您的马也……"

"还有，脾气暴躁是您这个国家的臣民特有的性格吗？"萨山问的问题很尖锐。

"唉——"国王深深地叹了口气，"我们国家从去年开始，就出现了这种雾霾天气，空气污染相当严重。雾霾天的气压较低、能见度差，容易使人出现精神懒散、情绪低落、脾气暴躁的现象。因为天气他们就渐渐变成这样了，每天都处于暴躁的状态，动不动就发火，时间久了，眼睛就越来越凸出。"

"可是，为什么大家都穿着黑色的衣服呢？黑色不是更压抑吗？"马莎疑惑地问。

没想到这个疑问竟让国王哑口无言。身后穿黑色雨衣的人群中出现一阵躁动，开始窃窃私语。

"都给我闭嘴！"国王一声令下，大家安静了下来。

"小姑娘，你说的当真？我，我还真不知道会这样。当初议会讨论通过要穿黑色的雨衣，是因为黑色雨衣既防潮又耐脏。唉，没想到加重了大家的暴躁情绪。"利达国王开始重视他们的建议，"来来来，请上我的马车，我们到皇宫里去谈谈。"

于是，萨山、米果、马莎和鲍勃坐上国王的马车，马儿撒开蹄子，风驰电掣般来到皇宫，因为马的脾气也很暴躁，所以跑得超快。

走进皇宫，一种带着花香的清新空气扑面而来，与外面浑浊的空气形成天壤之别。

"您这里怎么这么清新啊？"大家使劲吸着鼻子，好像要把所有的新鲜空气都吸进肺里，好把那些浊气和雾霾都挤出体外。

国王告诉大家，这里种着无数株"碰碰香"。碰碰香，又名"苹果香"，花语是幸福、乐观、有爱心。它是一种灌木状草本植物，茎枝呈棕色，嫩茎呈绿色或有红晕。叶片光滑，边缘有疏齿，开伞形花，花呈深红、粉红或白色，最重要的特点是，只要轻轻碰碰它，它就会散发出淡淡的香气，这种香气可以清新空气，去除污浊。

大家几乎异口同声地问道："为什么不在整个国家都种上碰碰香？"

国王说："刚开始没有意识到这种植物的作用，而现在，臣民们已经吸进去太多雾霾了，没办法种植和工作。如果能让他们大量地吸进碰碰香的香气，有了力气之后再在全国种植碰碰香就好了。"听了国王的解释，四个伙伴都陷入了沉思，如何解救这些可怜的穿黑色雨衣的人们呢？

国王停顿了一下，继续说："邻国西里王国是一个种满碰碰香的王国，也是他们最先发明了用碰碰香去除雾霾的办法。然而，要想把香气引过来，几乎是不可能的，因为他们的国王非常贪婪，如果请他支援我们，他就要吞并利达威尔国，我怎么能将我的国家和臣民拱手相让呢？"国王说完，眼里闪着泪花。

突然，外面一阵嘈杂声传来。"不好！"国王惊恐地喊道，"一定是西里王国的人又来闹事。每闹一次，我的臣民就损失惨重，因为他们实在是太虚弱了。"

国王边喊边往外冲，萨山、米果、马莎和鲍勃也跟出去。只见雾霾中，一些穿黑色雨衣的人正在和另一群黑影交战，不断有穿黑色雨衣的人倒下。

"这可怎么办呢？"萨山、米果、马莎和鲍

勃无能为力，干着急。这时候，一只蝴蝶在他们头上盘旋，忽高忽低，发出一声声尖叫声。"看！蝴蝶！"马莎说。

"它们一定是金蝴蝶的亲人。"米果说到金蝴蝶，大家心里一阵难过。蝴蝶慢慢地落在了鲍勃的肩头。

"我有主意了。"鲍勃激动地说。

"你快说！"大家凑过来。

"我们还是要请蝴蝶们帮忙。"

"怎么帮啊？"没有人猜到鲍勃的想法。

鲍勃把蝴蝶接到手中，然后对着萨山、马莎和米果说了他的主意。

话音刚落，只听蝴蝶发出一声嘶喊般的叫声，就飞走了。它真的能把伙伴们找来吗？

几分钟过去了，穿着黑色雨衣的人和黑影们的战斗还在继续，有更多穿着黑色雨衣的人倒下了，情况越来越危急。突然，大家好像闻到了一股清香。抬头望去，不远处的天空中，一大片扬起的白色的"帆"，向这边笼罩过来，香气越来越浓郁，大家使劲地呼吸着。只见那些身穿黑色雨衣的人都在使劲地吸着，他们慢慢地坐起来，站起来，像上足了发条似的，开始有力地回击那些黑影们，黑影们突然被这个转变吓坏了，开始抱头鼠窜。

白色的"帆"越来越近，越来越低，原来它们是成千上万只蝴蝶用翅膀挨着翅膀形成的一个没有缝隙的屏障。

这就是鲍勃的主意——让蝴蝶找来它的伙伴们，在西里王国到处飞，飞上飞下，触碰所有的碰碰香，在香气弥漫的时候，迅速聚拢，把香气给兜住，然后向利达威尔国推进。

利达国王看到这一幕，紧紧地和萨山、米果、马莎和鲍勃拥抱："谢谢，谢谢你们。"

"蝴蝶还能帮忙把碰碰香的种子带回，播种在你们国家的泥土中，很快，全国都会长出碰碰香，你的国家就有救了。"鲍勃使劲挣脱国王的拥抱，说道。

"别谢我们了，您还是谢谢善良能干的蝴蝶吧！"萨山说。

于是，国王跑去看蝴蝶和他的臣民了。

从此，利达威尔国有救了，臣民们会健康幸福地生活下去。

萨山、米果、马莎和鲍勃默默地离开了利达威尔国，谁也无法猜测，接下来他们遇到的是惊恐还是惊喜，回家的路还是那么漫长……

玛莎老师对你说

想象一下，在雾霾天气里，大家穿着颜色明亮的衣服，每个人手里拿着一罐香水，对着雾霾一喷，眼前顿时云开雾散。那么，雾霾天气就再也不能成为影响我们心情和健康的敌人了。这个发明不仅能让身体健康，更能治愈心灵。大家想一想，这个发明究竟能不能实现呢？

　　鲍勃找来的成千上万只蝴蝶在西里王国到处飞，触碰了所有的碰碰香，在香气弥漫的时候，迅速聚拢，把香气给兜住，然后向利达威尔国推进，最终帮助利达国王解决了危机。

　　狗一直是人类的伙伴，但是这次，萨山、米果、马莎和鲍勃的经历确实颠覆了他们曾经对狗的印象。

05
变异的狗

　　大多数的狗是善良友好的，喜欢人甚于喜欢同类。这不仅是由于人能照顾它，供它吃住，更主要的原因是，狗与人为伴，建立了感情，狗对自己的主人有强烈的保护心。有的狗从水中、失火的房子里或肇事的车子下救人，有的狗还会帮助受难或受伤的同伴缓解痛苦。

　　狗一般在兴奋或见到主人高兴时，会摇头摆尾，狗尾巴不仅左右摇摆，还会不停地旋转。狗尾巴的动作还与主人的语气有关。如果主人用亲切的声音对它说"坏家伙，坏家伙"，它也会摇摆尾巴表示高兴；反之，如果主人用严厉的声音说"好狗，好狗"，它就会夹起尾巴表现出不愉快的样子。

　　狗一直是人类的伙伴，但是这次，萨山、米果、马莎和鲍勃的经历确实颠覆了他们对狗的印象。

　　四个伙伴爬上了一座高高的山，他们站在山上俯瞰，才发现被几座山围成的一个盆地中间有一座城堡。城堡的周围长着枝繁叶茂的绿树。当有风吹过的时候，才能依稀看到城堡。当没有风的时候，只能看到绿树中露出的几栋有红色尖顶的小房子。

那座城堡远远看过去美如童话，大家兴奋地向山下跑去。

城门上的吊桥像帆船的帆一样，被碗口粗的绳索高高地拽起，下面是汩汩的流水。小松鼠似的四个伙伴站在城门下面，就像看星星一样仰望着吊桥。

"我们也不能飞进去啊！"

"谁能把吊桥的绳索放下来就好了。"

"要不别进去了，谁知道我们进去是祸还是福呢？"

萨山、米果、马莎，你一句我一句地说。

只有鲍勃四处环视，寻找突破口。突然，他眼睛一亮，发现城墙右侧一百米的地方，有一棵树是歪着长的，而且生出了好多枝杈，从低到高，形成阶梯状，重要的是，高处的枝杈伸进了城堡中。

"快来，伙伴们！"鲍勃指给大家看。

"真是天助我也。"米果边说边向大树跑过去，"嗖嗖嗖"几下就爬到城墙那么高，大家随后也赶到树下。米果向大家招手，然后小声说："快上来，里面有好多狗呢！"

随后，鲍勃、萨山和马莎也顺利地爬上了城墙，他们往里面一看，城堡里有无数条狗，有的大，有的小，简直就是狗的博览会：德国牧羊犬、贵宾犬、蝴蝶犬、杜宾犬、金毛寻回犬、英国跳猎犬、拉布拉多猎犬、比利时牧羊犬、苏格兰牧羊犬、雪纳瑞、德国短毛指示犬、比利时特弗伦犬。大家能叫得出名字的狗，就有这么多种，还有一些品种，他们根本都没见过。

"难道这是狗的城堡？"马莎好奇地问。

大家都没有回答，不知道这是怎么回事，也有可能这个城堡里的人喜欢养狗。

大家站的位置，正好是一个烽火台，上面架着一台大大的望远镜，四个伙伴很好奇，都争着去看。难道狗也会用望远镜？

"看，这台望远镜的倍数还挺高呢！我都能看到山那边的小鸟。"马莎兴奋地说。

"能不能看点有用的？让我看看，我想看看能不能看到我的学校！"米果试图把马莎拉开。

"我还没看全呢！得旋转着看。"马莎使劲地抓住望远镜的镜筒不让开，米果使劲地拉马莎。这一拽，马莎跟着望远镜的镜筒，一起转了180度，镜头正好对准城堡里面，马莎的眼睛一直都没有离开过望远镜。突然，马莎把眼睛离开望远镜，看了一下城堡里面，然后，又把眼睛对在镜头上。

"你能不能快点看啊？"米果有点不耐烦了。

"太可怕了，太恐怖了，太……太不可思议了。"马莎一边说，一边让出了望远镜。

米果狐疑地看着马莎，嘀咕着："狗有什么好怕的？"

"啊——"马莎一声尖叫，捂住耳朵，"别说了，别说了。"

一旁的鲍勃和萨山都被惊得目瞪口呆："这到底是怎么了？"

"这，这，简直就是——"米果结巴着，什么也没说出来，他也惊讶地离开了望远镜。

鲍勃和萨山分别去看了望远镜，结果都一屁股坐在了地上。

他们究竟看到了什么？

那群在街上溜达的狗，竟然会伤害人类！它们张牙舞爪，面目狰狞。

还没等大家缓过神来，突然，从另一侧城墙上爬过来一个人。

"他是谁？"马莎吓得紧紧拉住鲍勃和萨山的胳膊。

只见那个人越来越近，踏进烽火台，站直了身体，这是一个棱角分明、有着俊朗容貌的年轻人。

四个伙伴马上站好，面对这个突如其来的人，问道："你是谁？"

"你们好，我是住在这座城堡里的人。"年轻人回答。

等确认了大家的身份之后，年轻人把城堡的故事告诉了大家。

他说："这座城堡叫作'沸犬城'，城里所有的家庭都养狗。这里的人特别爱狗，但是，在几十年前的某一天，一艘巨型垃圾运输船经过这里，船上卸下来好多垃圾，全都投入这片海里，这可是狗狗们每天都要去的地方啊！然而，狗狗们不知吃了什么东西，突然间有一部分狗狗变异了，混在人群中，时不时伤害人类。几乎每天都有狗变得异常狂躁，也就是说，可能每天都有人类受到伤害，因此我们几乎不敢出门。"

听完了年轻人的讲述，大家觉得这一次遇到的情况，几乎比以往任何一次都更可怕，更棘手。

"走，我带你们进城堡，希望你们能找到拯救我们的办法。"年轻人站了起来。

四个人感受到他们将面临的危险，但是无法拒绝年轻人恳求的目光。他们忐忑地跟着年轻人，走下烽火台，进入城堡中。几只狗尾随着他们，不停地发出"汪汪"的叫声。四个人按照年轻人的提醒，不理睬狗，默默向前走着。这时候，迎面晃晃悠悠地走来一只奇怪的大狗，年轻人回过头，压低声音说："它是变异的狗，你们别和它对视。我们绕过它。"

萨山、米果、马莎和鲍勃把手紧紧地牵在一起，踱过这只摇摇晃晃的大狗，逃过一劫。

随后，他们进入一个由石头堆砌的、有着石头门的古堡。

古堡里摆满了一排蜡烛，灯光很昏暗。一群人默默地站成一个圈，被圈起的地上躺着一个人，又一个被变异的狗伤害而死去的人。

"如果能制止海洋垃圾的排放，让狗不再食用海洋垃圾，那么，它们就不会变异去伤害人类了。"萨山分析道。

"是啊，那我们要怎么做呢？"米果问道。

"有办法了，我们分头行动，一部分人去清理海洋垃圾，一部分人把狗的食物换成健康营养的狗粮。"萨山说完，大家都围了过来。

"还有别的办法吗？"米果问道。

"快别想了，我们先试试！"萨山坚持着。

"请找来尽可能多的船只和捕捞网。白天，我们开船出海，用捕捞网把海上的垃圾打捞起来，清理干净。晚上，等狗回窝里睡觉时，我们再派人更换狗粮，这样，狗就会不停地食用营养又健康的狗粮，就不会变异了。"萨山接着分析。

大家听完都觉得有道理，于是，把人们召集起来，所有的青壮年男子都一起分头行动，把海洋垃圾清理干净，并悄悄地把狗粮换掉。

第二天中午，大家都在尽心尽力地清理海洋垃圾。萨山俨然一副指挥官的样子，命令大家必须在傍晚之前清理干净，如果等到晚上，有可能这些垃圾又会被狗吃进肚子里了。

沸犬城的人民很勇敢，也很聪明，他们找到了一种类似吸尘器的工具，在海里小心翼翼地打捞着垃圾。突然，岸边有几只狗浑身发抖，狂叫不止。"不好，它们要变异了！"年轻人紧张地大叫，"大家快跑！快躲起来！"

人群和狗群顿时乱作一团。

"别跑，别跑！"萨山灵机一动，"大家原地趴下，快！"

很多人听到萨山的话，都迅速地趴在地上。

奇迹发生了，狗群突然不再狂躁了，那些变异的狗凑近闻了闻，摇摇头走了。

"萨山，你真棒！"米果紧紧地抱了一下萨山。鲍勃、马莎都和萨山击掌庆祝。

萨山再一次进行部署："现在，你们城里的每个人，不论男女老少，都要确保自己是安全的。然后，大家马上替换狗粮，只要狗长期吃下去，就基本不会再变异了。"

　　正在萨山为难的时候，沸犬城的人们发话了："非常感谢你们提出的拯救方案，我们自己可以完成这一切。你们赶快回家吧！谢谢你们！"

　　萨山和鲍勃又对接下来可能出现的情况给出了应对措施，然后他们才放下心来，带着沸犬城人民的感激，踏上了新的征途。

玛莎老师对你说

　　我承认这篇故事有点奇特，但它还是很有道理和逻辑的。总之，没有让狗继续变异继续伤害人类，那就是胜利了，对吗？

　　四个伙伴带着沸犬城人民的感激，踏上了新的征途。

　　香气扑面而来，有花的香味，还有水果、饼干、巧克力等所有你能想象得到的诱人味道，挡也挡不住，直接钻进鼻子里，然后给你的胃挠痒痒。

06
垃圾也能变成巧克力？

这一路走来，好像遇到的都是美景。

这条小河对面的景色，实在是太迷人了。萨山、米果、马莎和鲍勃来不及挽起裤腿，就把脚伸进清澈的水里。河水清澈见底，可以看见摇曳的水草，当然还有好多五彩斑斓的小鱼。

四个人几乎是奔跑着向对岸冲去，经过十几米的沙滩之后，与沙滩连接起来的是一片花海，没有路了。顺着花海望去，是错落有致的建筑：有的晶莹剔透，犹如色彩斑斓的水果糖；有的深邃厚重，像巧克力一样浓郁；有的古朴自然，好像无数小木板拼接出来似的……

香气扑面而来，有花的香味，还有水果、饼干、巧克力等所有你能想象得到的诱人味道，挡也挡不住，直接钻进鼻子里，然后给你的胃挠痒痒。萨山、米果、马莎和鲍勃从来没有感受到哪个城堡具有这样的诱惑力，让大家几乎不能控制自己的脚步。马莎不知不觉地把脚伸进了花丛中。"喂，马莎！"萨山叫道，他试图拉住马莎的胳膊，不过已经晚了，马莎稳稳当当、结结实实地把脚踩在了花上，眼看着几朵小花悲惨地被压在了她的脚下。

"你怎么忍心啊？没见过哪个女孩子这么不爱惜鲜花！"米果揶揄道。

"可是，我实在是想看看那些建筑到底是用什么做的，好像能吃啊！"马莎嘴上说着，可是，脚却不敢再移动了。

"好奇怪啊！"鲍勃说，"他们这里的人是怎么出来的呢？一点踩过的痕迹也没有，难道这些花可以再长出来？"

"哦，马莎，你快把脚抬起来！"萨山边说边去搬马莎的脚。接下来的一幕，看得大家目瞪口呆。在马莎抬起脚的一瞬间，倒下的花朵瞬间舒展了腰肢，眼看着它们慢慢地挺直了腰板，抬起了头，扑棱棱，一朵一朵恢复了直立的姿势，根本就找不到被踩过的痕迹。

"太神奇了！"米果感叹道，"我来试试。"

于是，米果也轻轻地把脚踩在花上面，接着，又把另一只脚也移动到了一簇花上。然后，又把脚都退回到沙滩上。果然，花又都恢复了原样。"太神奇了，我们去'花城'做客吧！"萨山终于放下心来，招呼大家大胆地向前进。

"嗯——"马莎一边深呼吸一边说,"这里面一定没有污染。"真的像他们想象的那样,前面是没有污染的花城吗?

四个人进入城堡中,街上是优雅的女人和帅气的男人,还有洋娃娃一样的孩子,看惯了妖魔鬼怪和另类的变种人,这里简直就是世外桃源、人间天堂。

　　四个人沿着街道慢慢走着，观赏着这些奇特的建筑，它们远远看上去就像是用各种食物做的一样。萨山抚摸着一幢小楼外犹如丝滑巧克力般的棕色墙面，说："我好想舔一舔，闻起来真的有巧克力的味道呢！"

　　大家都把鼻子凑过来闻。突然，有个和他们年龄相仿的小男孩走过来，用手指使劲一掰，一块"墙皮"就掉了下来，然后，他在大家惊讶的眼神中，把那块"墙皮"放进嘴里。"这真的能吃？"鲍勃瞪大眼睛问道。

　　"呃，是什么味道啊？"米果问。

　　马莎可不想像他们一样问来问去，她直接推开萨山和米果，也学着小男孩的样子掰了一块"墙皮"放进嘴里，大家都来不及制止马莎，只能等着看她吃完的反应。只见马莎瞪大了眼睛，嘴里发出"呜呜"的声音。大家都被吓到了，难道是中毒了？

　　终于，马莎张开了嘴，露出黑黑的牙齿："是巧克力，真是太好吃了！太甜了！"

"不带这么吓人的啊！"萨山生气地说。

"你们都来尝一尝吧！是真的巧克力，我们平时都是这么吃的。"小男孩热情地邀请大家。

"这谁能拒绝呢？"鲍勃说。于是，萨山、米果、鲍勃也照葫芦画瓢地掰下一块"墙皮"吃。

原来，花城里有很多建筑都是用食物做的，比如，用饼干做的别墅，用水果糖做的栅栏，用果冻做的路灯，还有用巧克力做的小楼。太过瘾了，又养眼，又好吃。

四个伙伴跟着小男孩，一边走，一边吃。

"朋友们，我看咱们暂时不要走了，就留在这儿吧！"米果擦着嘴角上的饼干渣，眼里闪着兴奋的光。

"……但是，我们也得回家啊！"马莎可怜地说。

"我同意米果的建议，我们与其去各个国家各个污染之城冒险，不如留下来，等待合适的机会再回家呢！"鲍勃揽着萨山和米果的肩膀说道。

"我也希望你们留下呢！我们这儿真的非常

好，非常干净富有。"小男孩突然插话，"来，我再给你们看一样东西，你们看了就更不想走了。"

他们来到一个公用饮水池前，面前有三个水龙头，一个是奶白色陶瓷的，一个是透明塑料的，另一个是红木的。

"难道水龙头也能吃？哈哈哈。"萨山这次想做第一个品尝美食的人。

"打住！这可不能随便吃。"小男孩笑着说完，把手放在奶白色的水龙头上，"你们猜，这里面将会流出来什么？"

大家面面相觑，摇了摇头。马莎嘀咕道："难不成还能是牛奶？"

"真聪明，第一杯就奖励给你喝了。"小男孩拧开水龙头，从旁边拿出一个纸杯。

"哇！街道上还提供免费的纸杯！"米果惊呼。

小男孩拧开奶白色的水龙头，一股浓郁的奶香味真的就飘出来了，他接了满满一杯奶递给马莎。马莎接过来，在其他三个人羡慕的目光下，喝了一大口，嘴角挂着一圈奶沫："好喝，好喝，我都多久没喝奶了。"

接下来，又是争先恐后品尝牛奶的场面。

谁都没猜到透明的水龙头里流出来的是甘甜的矿泉水，红木的水龙头里流出来的竟然是红葡萄酒。小男孩告诉他们，这些水龙头每家每户都有。

"你们真的喜欢吃这些东西，还喜欢喝这些牛奶和水吗？"小男孩问。

"是啊！"大家异口同声地说。

"可是，你们知道吗？它们是由各个国家丢弃的垃圾制成的。"小男孩说完，停下来看着大家的反应。

"啊？！"大家都做出了呕吐的样子。

"哈哈哈！"小男孩大笑道，"没事，它们已经经过百道工序净化、分解、合成了。我们每天都在食用，这些东西甚至比你们平时在家里吃的食物还更健康环保。"

四个伙伴简直太好奇了，"叽叽喳喳"地请小男孩好好介绍一下花城。

小男孩的名字叫"贝克"，今年13岁。他的爷爷是贝尔教授，是这座花城的功臣，也是花城的缔造者。

很多年以前，这个地方正好处在海边陆地的低洼处，又是山脚下，也是下风口。因此，从各个城市顺着海水漂来的、被风刮来的、从山坡上滚下来的各种垃圾，都汇集到这里，慢慢地形成了一个超级大的垃圾场，臭气熏天，肮脏无比。远近邻国都受到危害，大家痛苦不堪，但要想把垃圾清理掉，已经非常困难了。清理工作无非就是垃圾搬家，从这儿搬到另外的地方继续污染环境。贝尔教授认为，必须改变垃圾形态，因地制宜，变废为宝。于是，贝尔教授首先把垃圾进行合理分类：他希望花草、蔬菜等垃圾，能够再进入土壤，长成一种不怕践踏、长盛不衰的植物；化学纤维和废纸等垃圾可以重新溶解，再制造出一种新型的建筑材料；食物垃圾当然还要还原做成食物了。垃圾再利用的方向确定下来以后，贝尔教授就开始了漫长的实验过程。实验，失败，再实验，再失败……终于有一天，奇迹出现了。贝尔教授的实验室里栽的花开了；经过高压整流的罐子里，一滴一滴流出牛奶了；还有黏稠丝滑的巧克力，也从另一个大罐子里流淌出来……于是，大家大兴土木，开始大面积种植花草，然后盖楼，楼的主体用化学纤维和废纸垃圾重新溶解，再制造出一种新型的建筑材料。至于楼体表面，贝尔教授进行了大胆的尝试，就是用吃的东西作为表层，因为垃圾源源不断，所以食物也是吃不尽的，于是，就有了用饼干和巧克力做的墙面了。

四个伙伴听得入了迷，原来是这样啊！贝尔教授真是太伟大了！当今环境治理问题是全球关注的问题，也是最难解决的问题之一。如果贝尔教授能把这些技术传给我们的国家，该有多好啊！大家一定要见一见贝尔教授。

贝尔教授是一个什么样的人呢？花城会一直这样平静繁荣下去吗？花城的人们也会一直这样幸福安宁地生活下去吗？接下来，怎样的灾难会从远处来袭呢？

　　贝克给大家讲完了花城的历史，然后就带着他们踩过那些屹立不倒的花草，一直走到闪着银色光亮的透明圆顶建筑物前。"这些亮亮的是冰糖吗？"马莎好奇地问。

　　"你还没吃够啊？"萨山调侃马莎，"我看不是冰糖，是冰。"

　　"哈哈哈。"大家都笑了起来。

　　"你们别笑，它真的是冰做的。别忘了，这里可是花城！"贝克说。

　　"可是……"还没等大家说完，贝克就抢先回答了。

　　"你们觉得，鲜花还在盛开，我们还穿着单薄的衣服，太阳热辣辣地照着我们，人都快融化了，冰屋怎么可能无动于衷呢？"贝克接着说，"因为它也是我爷爷发明的一种叫作'暖冰'的环保材料，它是从各种动物脂肪中提炼出来的，在50摄氏度的时候才会融化。它其实也是可以吃的，只是我们吃起来味道不好，它是给小鸟等飞禽吃的。"

　　"哇！贝尔教授真是太了不起了！我能见见贝

尔教授吗？"米果睁大眼睛，恳求贝克。

"贝尔教授一定是像国宝一样被保护起来了吧？不能随便见人，是吗？"马莎很担心地问。

"跟我来。"贝克狡黠地眨了眨眼睛，"算你们运气好，因为你们碰到他的孙子了。"

于是，大家跟随贝克走进了戒备森严的花城环保科学实验站。虽然它的圆形房顶是在地面上的，但是环保科学实验站其实是建在地底下的。他们进了一部纯白色的电梯，就像飞进时光隧道般，过了好久，电梯的门终于打开了……

每个人的心里可能都在想象着一位老爷爷，一位伟大的科学家，可是，估计谁也没有想到科学家贝尔教授长的是这个样子的：站在电梯门口的贝尔教授，是一位胖胖的老人家，他有着一头超级不一般的头发，银白色的、卷曲的、蓬松的，像是阿拉伯人在头上缠了无数圈的头巾。他笑容可掬地站在电梯门前等候着。

四个伙伴和贝尔教授一见如故，贝尔教授也很有兴致地带他们参观起实验站来。

　　实验站里面有无数超级粗的大管子直插棚顶，银白色的管子是用来把实验成功的养分输送到地面上的，深褐色的管子是用来从海上截住所有的污染物和垃圾，并输送到实验站进行化验和分解的。

　　贝尔教授还请这些来自异国的朋友吃了一顿丰盛的晚餐。

　　萨山、米果、马莎和鲍勃接受了贝尔教授和贝克盛情邀请，在花城里住几天。他们也想好好歇歇，另外，还想找机会向贝尔教授请教治理垃圾的秘方。

　　时间就这样一天天过去了，但是近几天，一个奇怪的现象令大家非常兴奋。

　　地上长的花苞，几乎就在一夜之间全部盛开，香气怡人。树上的青苹果也由青色变成了红色，沉甸甸的。大家都围坐在苹果树下，吃着汁液饱满、个头硕大的苹果。鸟儿也比以前叫得更欢快了，不过，又好像不是欢快，是急躁，它们飞来飞去，"叽叽喳喳"。气温越来越高了，好像提前进入了酷暑天气。花城的人们，被这热烈和丰收的景象感染了，大家载歌载舞，昼夜狂欢，好像没有人觉得累。萨山、米果、马莎和鲍勃，也都加入了狂欢的人群中。

但是，只有一个人不觉得快乐，那就是贝尔教授。这几天，他一直都在观察，为什么花城存在这么多年了，从来没有过这么极端繁荣的现象。贝尔教授越想越觉得不对劲，他开始制止大家吃苹果，让大家都回到家里去。外面的温度也变得很高，可是人们像着了魔一样，不听劝阻，尽情地吃苹果，喝水管里流出来的牛奶和红酒，高举着杯子互相碰撞着，欢笑着。萨山从来没有这么疯狂过，他端着牛奶杯，摇摇晃晃地跟其他三个人说："这一、一路走来，我、我、我们、都经历了太多苦难，今天、就好好、好好……"还没说完，就一下子倒在了花丛中。马莎想扶起他，结果没站稳，把一杯牛奶洒在了已经蹲下身扶萨山的米果的头上："你，你怎么回事？拿什么给我洗头？"鲍勃则在一旁哈哈大笑。贝克的精神似乎很好，没有像萨山、马莎和米果那样瘫倒在地。

几乎就是在这一夜，花城的人们几乎都倒下了，不知道是因为酒精的作用，还是因为天气太热，或者是因为什么别的原因。

气温越来越高，地上的植物开始打蔫，苹果一个接一个往下掉，鸟儿也不再唱歌了。在热浪中，开始出现一股股恶臭。贝尔教授惊恐万分地说："一定是输入和输出的管道出了问题，污染物进入了向花城输出养分的管道，导致水果和鲜花变异，而且局部地区大气变暖，也说明局部地区有污染存在。"

"快！跟我到实验站去！"贝尔教授说完，就像个小圆球一样，快速滚跑了。贝克和鲍勃紧随其后。

到了实验站一看，果然，白色的输出管和棕色的输出管，颜色都发生了变化，白色罐子变成蓝色，棕色罐子变成红色。

"天哪！这是谁干的？一定是有人闯入了我的总控制室。"贝尔教授几乎咆哮着说。

他转过身，面对着鲍勃和贝克。

"不是我，贝尔教授。"鲍勃赶快解释。

"嘿嘿嘿。"突然，一阵狞笑声传来，这是谁啊？只见站在旁边的贝克，慢慢地把手放在下颌处，接着用手使劲一搓。

"啊——"他发出一声惨叫，贝克那张俊俏的脸被撕下来，露出一张长满胡子、龇牙咧嘴、面目可憎的蓝色面孔。

"你你你……"鲍勃看到眼前的场景，几乎吓得坐在地上。

只见贝尔教授愣了一下，然后跳起来，扑过去抓住蓝脸人的衣服，大声地质问道："我的孙子在哪里？我的贝克被你们弄到哪里去了？"蓝脸人一把推开贝尔教授："不把分解垃圾的技术交给我们，你就别想见到你的孙子了。看到了吧？你的花城和你的花城人民，马上就要被毁掉了。"

贝尔教授简直要气炸了。

突然，外面人声鼎沸，难道大家都醒过来了？

贝尔教授、蓝脸人和鲍勃正要往外面跑，去看个究竟。

只听见一个少年的声音："爷爷，爷爷。"

三个人回头一看，只见真的贝克被两个蓝脸人夹着胳膊，站在他们面前："爷爷，你不能把你的技术交给他们，不能让他们不劳而获，他们这是掠夺！"贝克非常勇敢。鲍勃打心眼里佩服贝克，他一定要帮助他们。

"孩子，爷爷是不会给他们的，你放心吧！只是让你受苦了。"贝尔教授哽咽地说。

这时候，更多的蓝脸人涌进来了。鲍勃站在贝尔教授的身边，悄悄地问他："我们该怎么办？"

"别急，一会儿就是见证奇迹的时候了。"

"快把你的配方和技术给我们，否则，我们就对你的孙子不客气了。"一个蓝脸人吼道。

"好，你们放开我的孙子，跟我来这边。"贝尔教授说。

几个蓝脸人交换了一下眼色，松开了贝克，贝克紧紧地和爷爷拥抱。

然后，贝尔教授慢慢地走向一个有着厚重铁门、门上有好多密码的房间。

"爷爷，不能给啊！"贝克紧紧地抓住爷爷。鲍勃拉住贝克，说："为了救你，为了保住花城，爷爷只能答应他们。"

贝尔教授打开了密码锁，厚重的铁门慢慢地开了，里面有好多机器和按钮。

只见贝尔教授走到一个只有巴掌大的橘红色按钮前，停了几秒钟，然后使劲按了下去。瞬间，实验室里响起了"轰隆隆"的声音，低沉又可怕，很有压迫感，好像憋着一股劲要爆炸一样。

"怎么回事？老东西，你要什么花招？"这时，几个蓝脸人想冲过来打贝尔教授，贝克和鲍勃冲过去阻拦。正当大家扭打得不可开交的时候，突然"轰"的一声巨响，"倾盆大雨"下来了。

大家停止扭打，纷纷躲避这突如其来的暴雨。

"快跑，孩子们！"贝尔教授一声令下，拉起贝克和鲍勃就走。

几个不怕"雨"的蓝脸人来阻挡他们，突然，奇迹发生了，几个蓝脸人的身体突然变得越来越小，几乎像一只只小贵宾犬。再回头看其他蓝脸人，也全都变成了小小的人。

"这到底是怎么回事啊？"鲍勃和贝克异口同声地问。

"我们快出去看看，那些人醒过来没有。边走边说吧！"贝尔教授说。

满街都是水，水到之处，被水浸过的人都慢慢醒了过来，恢复了体力。

"还记得实验站是用暖冰做成的吗？还记得暖冰在50摄氏度时会融化吗？原来，贝尔教授按下的是高温蒸汽泵的按钮，可以让暖冰瞬间融化。在暖冰融化而成的液体里有一种超强净化剂，如果身体里含有超标的污染物，那么超强净化剂就可以分解这些污染物，也就是说，这些蓝脸人身体里几乎全都是污染物，所以，被超强净化剂分解之后，就只剩下像小贵宾犬一样小的身躯了。"

大家围在贝尔教授身边听他讲完，高兴地把贝尔教授举起来，抛向空中："聪明的老人家，我们爱您！"

萨山、米果和马莎也醒过来，鲍勃重新把真正的贝克介绍给他们认识。四个伙伴也和花城的人们一起庆祝着这奇迹般的胜利。

玛莎老师对你说

太美好太甜蜜的想象了,可以吃的巧克力墙皮,拧开就可以喝到牛奶的水龙头……其实垃圾真的可以变废为宝!比如,厨余垃圾可以变成有机肥料来滋养植物,手机、电脑、电视里的很多零部件中含有的稀有元素可以被提炼和回收。你们还知道哪些可以将垃圾变废为宝的方法吗?

　　谁都没猜到透明的水龙头里流出来的会是甘甜的矿泉水，连建筑物都是用食物做的，比如用饼干做的别墅，用水果糖做的栅栏……

　　绿箱子里的人，每个人都有1.8米左右，细胳膊细腿，还有一个大大的、圆圆的头，五颜六色的。他们不是穿着色彩斑斓的衣服，而是全身上下都有各自的颜色，有的通体是蓝色的，有的通体是红色的，还有的通体是绿色的、粉色的、金色的。

07
失色的彩色人

　　萨山、米果、马莎和鲍勃经过仔细研究和讨论，还是决定离开这个充满香味的美丽城市，与贝尔教授和贝克挥手告别。他们还要继续前行，寻找回家的路，拯救那些被污染的人。

　　他们驾驶着神力小汽车一路狂奔，希望还能遇见一个像样的城市，有美味的食物和美丽的建筑……

　　忽然，一阵断断续续的、很奇怪的跳跃式旋律，飘入大家的耳内。

　　大家停下来，竖起耳朵仔细听。

　　"我们闻过各种气味，吃过各种食物，可是，好像还没听过这样美妙的音乐呢！"萨山说。

　　"你前两句说得都对，但是后一句'美妙的音乐'，我可不赞同。"马莎弹了五年的钢琴，对音乐的鉴赏能力非同寻常。

　　"干吗用你的文艺标准来衡量啊？在未来世界

的荒郊野外，能听到乐器演奏出来的音乐，那就是美妙的。音乐美妙，听的人也觉得美妙。哼！"米果昂着头，得意地看着马莎。

"你们，你们什么都不懂，一点音乐细胞都没有。"马莎很生气，转头看着鲍勃，眼神里充满了希望，希望他能和自己站在一边。

鲍勃看出来了，他的年龄最大，他必须担当起化解矛盾的重任，于是他说："其实，对于音乐美不美妙，每个人的感悟不同，因为马莎是专业的，她就会用她专业的耳朵来评判音乐。你们当然只能随便听听。"

"唉，没品位真可怕。"马莎终于扳回了一筹。

"走吧！我们去看看不就知道了嘛！"萨山说。

这一新发现，真的和以往不同，所有人都对接下来要发生的事情充满了期待和遐想。

四个伙伴就这样循着声音，向前面那个超级大的绿色仓库走去。

在我们还不知道这个地方叫什么名字的时候，

就先叫它"绿箱子"吧！

四个伙伴找到绿箱子的入口，拨开生长在门边、从门上面垂下来的各种植物，挤了进去。

绿箱子里很昏暗，四个伙伴很小心地在入口站了一会儿，瞪大眼睛适应了里面的光线之后，才看清楚里面的状况。绿箱子里很深很大的内部几乎什么也没有，大家又往里走近了一步，这次才发现里面如此精彩。原来，绿箱子里面竟然有几十个人，他们见过恐怖的、丑陋的人，但是没见过这样单薄的人，而且，他们竟然还是有颜色的人。

四个伙伴惊呆了，站在入口一动不动。绿箱子里的人，每个人的身高都有1.8米左右，细胳膊细腿，还有一个大大的、圆圆的头，五颜六色的。他们不是穿着色彩斑斓的衣服，而是全身上下都有各自的颜色，有的通体是蓝色的，有的通体是红色的，还有的通体是绿色的、粉色的、金色的。不过，你却看不出他们的性别，因为他们个个都像火柴人一样。突然，音乐声再一次响起，大家的注意力都被吸引到绿箱子正中央的一架白色的三角钢琴

07 失色的彩色人
07 失色的彩色人

上。钢琴的旋律跳跃得无章可循，这些彩色人竟然随着旋律翩翩起舞，或剧烈，或舒缓。跳得剧烈的时候，你不由得担心他们的胳膊或者脑袋会不会掉下来。这些情景只能让萨山、米果、马莎和鲍勃小小地惊讶一下，可是真正让他们张大嘴巴、瞪圆眼睛的情景是，无人弹奏的钢琴黑白键竟然上下起伏，这架钢琴是自己在弹啊！

"这是电脑操控的吗？好先进啊！"萨山对大家说。

"没那么先进吧？难道是隐身人在操控？"鲍勃分析道，他这句话提醒了大家。

"你快别吓唬我们了。"马莎用手捂住眼睛。

几分钟过去了，这些彩色人好像已经跳得很累了，只见每个人的头上、身上都开始往下流汗，或者更准确地说，是往下流彩色的水，红人流红水，蓝人流蓝水，粉人流粉水……各种颜色的水顺着人流到地上，又慢慢地流向旁边的木槽里。这时候，你会发现，他们的色彩好像不像原来那么鲜艳了，身体渐渐恢复了肉色。音乐戛然而止，彩色人似乎跳累了，他们各自找了个适当的位置就躺下来休息。

萨山、米果、马莎和鲍勃在这些人中，似乎格格不入，但是好像没有人理睬他们，当然也没有挑衅的意思。马莎第一个扑到钢琴前，她轻轻地抚摸着琴键。她不记得有多久没摸过琴了，也不知道家里的钢琴有没有落灰，有没有想念它的主人……马莎忽然好伤感。

"我能试试吗？"马莎渴求地看着大家。

"我来试试吧！我也学过呢！"米果抢在马莎前面要动那架钢琴。

"行了，米果，我知道你的水平，你要是弹琴，我看彩色人都得哭。"萨山伸手拦住了米果的肩膀。

"哈哈哈，我也得哭。"马莎从萨山和米果的手臂间钻了过去，站在钢琴前。瞬间，她的指尖在琴键上划过，音乐声就像一股喷泉，从琴键上涌出，清亮悦耳，又像一只鸟儿在欢快地歌唱。

鲍勃对着米果竖起大拇指。

"是……施特劳斯的？"米果转头问萨山。

"我也不知道，反正比他们弹得好听。"萨山回答。

"如果我没听错的话，应该是柴可夫斯基《四季》套曲中的《三月——云雀》。"

萨山摸了摸鲍勃圆圆的脑袋，说："行啊！你对音乐还是很有研究的嘛！"马莎如痴如醉地弹着，三个小伙子如痴如醉地听着。马莎终于弹完了一个章节，大家夸奖着马莎。然而，当大家回过头来的时候，眼前的场景真的让人惊掉下巴——所有的彩色人悄无声息地站在面前，伸展着胳膊，摇晃着脑袋在跳舞，带着颜色的汗从身上流到地面。

米果吓得差点坐在地上。

"闻歌起舞，对他们来说一定是有帮助的。你们看，他们身上的颜色好像越来越淡了。"鲍勃指着这群人说。

米果突然说："没准是喝了过多的饮料，或者吃了各种颜色的糖果……"还没等米果说完，马莎就打断他："还有一些果冻和一些特别红的水果。"

"我知道你们说的是什么。"萨山接着说，"你们的意思是，这些彩色人一定是吃了色素？"马莎和米果使劲地点着头，难得两个经常抬杠的伙伴这次见解一致。

"对，还真有道理。你看他们在跳舞的时候，颜色顺着汗液都被带出来了，他们就慢慢恢复自然人的颜色了。"鲍勃把身体往前凑了凑。

"身体有颜色，他们一定非常不舒服。"马莎很可怜他们，幽幽地说。

"那当然了，一切不合理的现象都会导致人的痛苦。哈哈哈……"米果说完，自己先大笑起来，他觉得自己真是个哲学家。

"如果你们都这样认为的话，我再来弹一曲。"马莎说完，纤细的手指又在琴键上飞快地弹奏起来。

彩色人跳得越来越欢了，萨山、米果和鲍勃也跳了起来，整个气氛看起来那么快乐和美好。

可是，随着马莎的一声惨叫，所有人的快乐都没有了。

马莎正弹着琴，突然，有个鞭子一样的东西抽在她的双手上，她惨叫一声，手一下就缩回来了。当三个小伙子围过来的时候，马莎的手背上已经出现红色的血印子了。

"这是谁干的？有种你就站出来，装什么隐形人！"萨山转着圈对着空气大喊。

"我来试试，把他们引出来。"米果说着就要弹钢琴。

"不好了！"鲍勃大叫，"快，快看这些人……"鲍勃紧张得都结巴了。

马莎也顾不得疼了，米果也不想弹琴了。只见这些彩色人中，一部分人的四肢或脑袋已经开始消失了，只剩下空悬着的脑袋或者胳膊在摇晃，他们正在逐渐隐形。

"他们为什么不能停下来啊？"

"是不是跳得太多了？"

"还是我们的曲子不对？"

"我们得救他们啊！"

"马莎，你会不会弹刚才钢琴自己弹过的曲

子？"萨山问道。

"什么？你还想让马莎弹啊！"这次轮到米果来保护马莎了。

"我来吧！"米果跃跃欲试。

"你们都闪开，我来。"鲍勃冲上前，一把把其他三个人推开。

"你会弹钢琴？"三个人异口同声地问。

"不会！但是我会乱弹，我要把那个隐形人引出来。"鲍勃说。

"不！别弹，鲍勃，很疼的！"马莎阻止鲍勃。

"不好了，有好几个彩色人的身体已经看不见了。"米果大声喊着。

"时间很紧迫，只有把隐形人引出来，才能救这些彩色人的命。"

"可是，他只是在打我们，也不能现出原形啊！"

"我们在这儿，他不会再来弹琴的。"

"有了。"鲍勃两眼放光地说，"试试这个

办法。你们看，彩色人是因为流出了这些带颜色的汗，所以身体的颜色才会变得越来越浅，直到完全隐形。那么，我们只要把这些带颜色的汗液，泼到隐形人身上，没准就能现形呢！"

"嘿，还真有点道理。"

"什么有点啊？是真有道理！"

"快，你们去把彩色的汗液收集起来，我准备弹琴。"萨山、米果、马莎快速跑到绿箱子边上，拿起那些盛满汗液的木槽，跑过来，站在鲍勃的身边。

"只要我一叫，你们就一个人把汗液泼到我的手附近，另外两个人把汗液往高处泼，按着彩色人的身高泼。"任务布置完毕，鲍勃把手放在琴键上。音乐一响起，大家都屏住呼吸，看着鲍勃。突然，鲍勃手指一抖，大叫一声，于是，三个人朝着不同的位置泼出了汗液。果然，奇迹发生了，一个人形，慢慢地在他们面前出现了，只是他的头是绿色的，身体是粉色的，手臂的一部分是黄色的。天哪！完美的彩色人！

只见他摇摇晃晃地向木槽走去，取了些汗液，向其他彩色人走去，并把彩色的汗液朝他们身上泼去。

于是，萨山、米果、马莎和鲍勃也快速地行动起来，大家你泼一下我泼一下，终于，所有的彩色人都被抢救过来了，又能被看见了。

所有人累得筋疲力尽，都瘫坐在地上。那个会弹钢琴的彩色人告诉了大家彩色人真正的形成原因："所有的人都是因为过多地使用了劣质的工业合成色素，最后导致身体被严重腐蚀，没有了性别特征。只有靠适当的运动，排出一部分毒素来缓解这种状况。我们不能剧烈运动，否则就带走了身体本身的养分和肌肉。就只能这样跳一跳，歇一歇，维持着生命。如果运动过量就会使我们失去颜色而变成透明人，最后导致死亡。"

"我们还真猜对了。"

萨山、米果、马莎和鲍勃真心地希望这些彩色人永远健康地活着。

玛莎老师对你说

　　你们有过这样的经历吗？吃了糖果之后，舌头和嘴唇变成了红色的，蓝色的，绿色的……这都是因为色素呀！虽然有些人工合成的色素是可以适量食用的，但是吃多了真的对身体有害。我也担心，我们要是吃得太多了，是不是有一天我们的身体也会被染成各种颜色呢？

眼前的场面真的让人惊掉下巴，所有的彩色人悄无声息地站在面前，伸展着胳膊，摇晃着脑袋在跳舞。带着颜色的汗，从身上流到地面……

银幕上，出现了好莱坞电影中的经典画面，一辆满载着鲇鱼的货车，疯狂地穿梭在马路上，时而躲开前面的汽车，时而直接撞上各种障碍物，撞车声、拐弯声、轮胎与地面摩擦发出的刺耳声音充斥着耳膜。

08

盗鱼惊魂

"砰砰砰！"远处忽然传来了几声枪响，在这样凉爽的、繁星满天的夜晚，这声音如此刺耳，让人胆战心惊。萨山、米果、马莎和鲍勃四个伙伴训练有素，一起就地趴下，用双手抱住了脑袋。过了好几分钟，他们没有再听到枪声，但是隐隐约约能听到一些嘈杂的说话声和跑步的动静。

鲍勃抬起头，四处张望，除了小树、远处的小山坡，没有任何人影啊！

萨山这时候也抬起头了，他忽然说："看右边，有一闪一闪的亮光！快看啊！"

胆小的米果和马莎，终于敢把头抬起来了。

大家一起顺着萨山说的方向望去，果然远处有光一闪一闪的。"是着火了吗？"马莎小心翼翼地问道。

"没有烟，哪里是着火？"

"嘿，好像是在放电影！"

"你是说这个地方还能有电影放映？"

米果、马莎永远这样争论不休。

"哈哈！你们停一停，认真听。"鲍勃一只手按住马莎的头，另一只手按住萨山的头。

忽然，他们又听到一群人在大笑，仔细再听："这鱼再也不是一般的鱼了，价值连城，它们将是世界上最昂贵的鲇鱼。"

"我的天哪！米果、马莎、鲍勃！"萨山激动得跳了起来，"这是布鲁斯·卡特和威力慕斯·本主演的电影《我为鱼狂》，你们记不记得？"萨山看看米果，看看马莎，又看看鲍勃，大家都愣愣地看着他，好像没有人看过这部电影。

"唉，你们呀，就知道看《蜘蛛侠》《X战警》，能不能关注一下布鲁斯·卡特主演的电影。"

"我听说过！"马莎赶紧支持一下萨山。

"你们算算我们有多久没有看过电影了，我们快去看看吧！"米果也站起来，拍掉头上的碎草。

大家一起循着声音，循着亮光向前走去。

大家走进了一个半封闭的半圆形广场里，银幕上果然放着电影，有四五十个人正在观看。

"这是动作片吗？"米果悄悄地问萨山。

"当然了。他们在抢钻石，而且劫匪超级聪明，把钻石藏起来，要偷偷运出去。"萨山也小声地给大家透露剧情。

"仔细看吧！可紧张惊险了！"萨山最后的话语已经被银幕上巨大的海浪声淹没了。

原来，一伙强盗正在海上向渔民收购新鲜的鱼。

突然，观众席一阵躁动，好像有人在走动。大家回头一看，中间有些人两眼放光，直直地奔向银幕，真的就像猫见到了鱼。

这些人，几乎走到了银幕的下方，好像要扑进电影里一样。这时，银幕里的强光突然一闪，银幕一下子就黑了，紧接着全场也一片漆黑。

"停电了！萨山，停电了！"马莎下意识紧紧地抓住旁边人的袖子。

"哎呀！我正看得入迷，就停电了。真倒霉！"米果抱怨道。

"我去后面的放映室看看。"鲍勃说完，借着一点户外的光线，就向银幕后面跑去。

这时候，几乎所有人都离开了座位，向着大银幕的方向涌过来。萨山、米果和马莎被周围的人推搡着，也被迫涌向了大银幕下。几分钟过去了，大银幕又是强光一闪，声音骤然响起。

"来电了，来电了。"大家陆续回到座位上，鲍勃也回来了。

银幕上，出现了好莱坞电影中的经典画面：一辆满载着鲇鱼的货车，疯狂地穿梭在马路上，时而躲开前面的汽车，时而直接撞上各种障碍物，撞车声、拐弯声、轮胎与地面摩擦发出的刺耳声音充斥着耳膜；后面是白色的警车，拉响警笛呼啸着穷追不舍，副驾驶座上的警察探出脑袋，端着枪，拿着扬声器向前面的鱼车喊话。

"哇，太刺激了。"米果拍手叫好，"我就爱看这个。"

鱼车里的鲇鱼由于车的震动，不停地从车上滑下来，在地上蹦来蹦去。

只见观众又开始兴奋了，他们接下来的举动，真是令人瞠目结舌。

只见一个人跟着一个人，大家竟然往大银幕里爬。天哪，真的有人爬进去了，他们进入电影画面里了。只见他们在马路上看见那些掉下来的鲇鱼，贪婪地、疯狂地、迫不及待地抓起来往嘴里塞。有的人更是不要命了，开始追逐装鱼的货车……

萨山、米果、马莎和鲍勃都被眼前的情景惊呆了，他们竟然能进入电影里，他们竟如此渴望吃鱼，鱼对他们来说，怎么有那么大的魔力，真是太离奇了。

"必须阻止他们！"萨山大叫道。

"太刺激了！"米果兴奋得不得了。

萨山瞪了米果一眼："你没有看过这部电影，你知道什么呀？瞎起哄！"

"别着急，萨山。跟我们说说，那些人会有危险吗？"鲍勃拉开米果，问萨山。

"是的，因为一会儿警察就要追上来了，而且会有直升机在天空阻截，一场血战就要开始了。"

"你还没跟我们说呢，这一车鲇鱼有什么好抢的啊？"马莎不解地问。

米果和鲍勃也好奇地看着萨山，等待着他的回答。

"哦，是这样的，这车鲇鱼不是普通的鲇鱼，有很多鱼的肚子里都装着价值连城的珠宝。这伙人是国际通缉的抢劫团伙，他们刚刚打劫了一个珠宝行。"

"砰砰砰！"警察和货车上的劫匪开始枪战了。

忽然，有一个登上了鱼车的人，身体摇晃了一下，抱着一条鲇鱼从车上摔下来。

"我们必须拯救他们。"萨山说，"鲍勃，我们也进去，我们把他们引走或者引出来。"

"好的，萨山。"鲍勃也坚定地说。

"你们要是不能从里面回来，那可怎么办啊？"马莎急得要哭了。

"不会的，你们就在这儿等着营救我们。一会儿你们到放映室去，那里面有一台电脑是和银幕同步的。"于是，鲍勃把具体的操作办法告诉了米果和马莎。

米果和马莎目送萨山和鲍勃飞身进入银幕，他们两个简直就像有魔力一样，在马路上飞快地穿梭着，米果和马莎看到银幕里萨山和鲍勃的身影，简直就像看到了大明星一般。

"太帅了！"米果无比羡慕，他恋恋不舍地被马莎拽向了后面的放映室。

"快点儿，米果，一会儿就来不及了。"马莎催促道。

放映室里有一位老人，正冷漠地注视着电脑屏幕。

"请您让一下，我们来操作。"米果对这位老人说。

老人让开了："你们要是有办法，就救救他们吧！"

"这到底是怎么回事啊？"米果一边紧张地盯着电脑屏幕，一边还想探个究竟。

"我们费罗城是一个爱吃鱼的国度，这里的

人民靠吃鱼为生，尤其爱吃鲇鱼。从去年开始，海里来了一批鲇鱼，但是，听说它们是在这样的环境下长大的鱼：鱼塘被鸡圈和猪圈环绕，塘中漂浮着大量的垃圾，恶臭扑鼻，密密麻麻的鲇鱼在水中游动。这些鱼塘已经存在几十年了，鸡粪、猪粪和周围养殖户厕所里的粪便都排进了鱼塘里。自从大家吃过这些鲇鱼以后，就像着了魔一样，看见鱼就想吃，尤其是看见鲇鱼，无论是什么样的鲇鱼，无论有多脏或者它们有多危险，大家都一股脑冲上去。"老人解释道。

"这就是他们不顾生命危险，冒着枪林弹雨，去电影里面抢鱼的原因啊！"米果说。

"因为他们吃了被严重污染的鱼，所以身体和智力都发生了变化。唉！"马莎叹息道。

"你们有什么办法能够把他们救回来吗？我的两个儿子也进去了。"老人说到这儿，一行老泪从眼里流了出来。他不是无动于衷，也不是冷漠，他是真的没有办法啊！

"嘘——"马莎示意老人别出声，"您放心，我们会有办法的。"

"你们在这个小小的电脑屏幕前就能把他们救回来？"老人狐疑地问道。

米果、马莎和老人都不说话了，紧张地盯着屏幕。

鲍勃到底告诉了米果什么办法呢？

原来是这样的，鲍勃告诉米果和马莎的办法，就是寻找时机。当抢鲇鱼的人，还有萨山和鲍勃，分别进入同一个画面的时候，就马上按下暂停键，然后把所有来自费罗城的抢鱼人、萨山和鲍勃分别截图，复制。然后，赶快拉掉电闸，这样他们就能回来了。

有的人还在马路上捡鱼，另一部分人则在车上抢鱼。鲍勃和萨山一个在车上阻止他们，一个在马路上驱散捡鱼的人。眼看着警车越来越近，枪声越来越密集，天上真的出现了直升机，下面就是临江大桥了，一切都像萨山说的那样，血战马上就要开始了。

"天哪！我记得萨山说，那辆货车会冲进江里的。我们必须在这之前把他们救出来，否则一定会有一部分人掉进江里，那就真的没法救了。"马莎着急地说，汗水已经把她的头发浸湿，一缕发丝紧紧地贴在脸上。

"你们快待在一起呀！"马莎焦急地说。

"快点同框啊！"米果紧紧地握着拳头。

这时候，画面上出现了萨山，他正在马路上，周围有好几个抢鱼人。

"快点按。"米果及时按下暂停键，截图并复制在屏幕上。

"太好了。"马莎看到萨山安全了，心里真是太高兴了。

三个人继续等着，等着鲍勃出现。突然，货车冲向了护栏，向江里冲去，由于车身倾斜，很多鲇鱼都飞了出来，人也飞了出来，马莎吓得闭上了眼睛。

就在这千钧一发之际，一切都变成了慢镜头，车在慢慢地坠入，鱼在慢慢地飞起来，掉下去的人在缓缓地飞向江里，鲍勃出现在画面里。

"快，快，米果快按！"马莎焦急地大声喊着。

慢镜头给了米果足够的时间，他按下了暂停键。鲍勃定格在了屏幕上，然后，米果快速且熟练地截图，复制。

"快，就剩下最后一步了。老人家，请帮忙拉一下电闸。"米果请求道。

"好，我看到我的儿子了，他们能回来吗？"老人一边说，一边拉下了电闸。

一切声音都没了，屏幕一片漆黑。

"我们快下去看看，他们一定回来了。"

老人也跟着米果和马莎向大银幕前冲去。

大银幕前，人影攒动。

"萨山——鲍勃——"马莎和米果大声喊着。

"马莎——米果——"天哪！他们回来了！

玛莎老师对你说

　　不瞒你们说，这篇故事是我最喜欢的一篇，简直太好玩了！太惊心动魄了！穿越到未来，再一层层递进，穿越进电影里，然后运用高科技手段，定格截图，回到第一次穿越的世界中。你们是不是也像我一样喜欢这个故事呢？

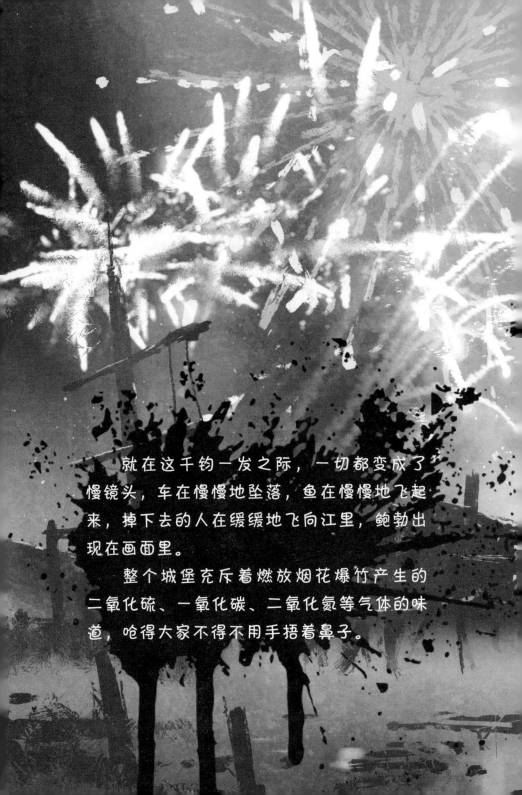

就在这千钧一发之际，一切都变成了慢镜头，车在慢慢地坠落，鱼在慢慢地飞起来，掉下去的人在缓缓地飞向江里，鲍勃出现在画面里。

整个城堡充斥着燃放烟花爆竹产生的二氧化硫、一氧化碳、二氧化氮等气体的味道，呛得大家不得不用手捂着鼻子。

09

不灭的烟花

大家一定见过烟花吧？但是，大家肯定没见过如此漂亮的烟花。萨山、马莎、米果和鲍勃，仰着脖子已经好长一段时间了，五颜六色的焰火组成各种图案、各种形态，悬挂在天空中。盛开的灿烂的金花，红红的蜿蜒伸展的火树，不停闪烁着的耀眼的繁星，漫画般的七色彩虹……远远近近，高高低低，错落有致，发出明亮的光，把整个黑夜照得如同白昼一般。

"我的天啊！太漂亮了，原来烟花还可以这么好看啊！"马莎一边揉着酸痛的脖子，一边赞叹道。

"我的天啊！可累死我了。"学着马莎的口气，米果也边揉脖子边说。

大家都把头低了下来，休息一会儿。

"走吧！伙伴们，我们进去看看吧！"鲍勃提议道。

"为什么烟花不会灭呢？"

"能绽放多久呢？"

"下雨会不会浇灭它？"

大家边议论边向这个火树银花的城堡走去。

城堡里，人们悠闲地走在街上，就像白天一样该做什么做什么，烟花在天空上明亮地闪烁着。

但是，整个城堡充斥着燃放烟花爆竹产生的二氧化硫、一氧化碳、二氧化氮等气体的气味，呛得大家不得不用手捂着鼻子。

"咳咳咳，我……觉得……这里的空气，实在太不好了！"马莎被呛得直咳嗽，压着嗓子说。

"那这里的人，为什么不怕被呛到呢？难道是中毒了吗？"米果说完这句话，也开始剧烈地咳嗽起来。

"我们还是一探究竟吧！如果他们需要我们的帮助，我们将义不容辞。"萨山拽着衣领，捂住嘴巴说。

"萨山真是好样的！"鲍勃的嗓子好像暂时没有被烟呛到，但是，他被熏得一直眯着眼睛，"你们知道吗？这些有毒有害的气体是无形的'杀手'。当烟雾弥漫时，这些气体对人的呼吸系统、神经系统和心血管系统，都有一定的损害作用，对眼睛也有刺激作用。如果本来就有病的话，那这些气体还会火上浇油。"

"那我们必须找到原因，制止这种滥放烟花的行为。"

大家在城里漫无目的地走着，观察着，希望有所发现。忽然，一个奇怪的现象让大家不约而同地停下脚步去研究——这里的人偶尔走在稍微暗一点的地方，身上裸露的地方就会发光，有黄色的、红色的、绿色的光。一抬脚，一扬手臂，都会画出一道光的弧线，可是，一旦到了亮处，就又恢复了皮肤本来的颜色。

"咦？好神奇！"米果兴奋地看着。

突然，一道亮光从远处向这边狂奔过来，像一簇抖动的红色火苗。等跑近了，大家才看清，原来是一个人，一个长满络腮胡子的男人，他的身体发出的光好亮好红。

"呼哧呼哧……"这个人一边喘着粗气，一

边擦着脸上的汗，说，"太惊险了，差点就燃了，就、就没命了。"

"你别着急，慢慢说。"鲍勃想拍拍他的后背，安慰他一下。没想到，鲍勃一挨着他的后背，就"啊"的一声把手缩了回来。

"好烫啊！"鲍勃一边吹着手，一边大声说。

"我刚才正要回家，走过地下通道的时候，突然灯灭了。黑暗中，我的身体就开始渐渐地发光，越来越亮，要不是我马上跑出来，到这个明亮的地方，我真的就废了。"说话的当口，这个络腮胡子的皮肤在慢慢地变暗。

大家这回终于找到一个可以获得答案的机会了。

于是，每个人都向络腮胡子提出自己的问题。

络腮胡子应接不暇，他干脆说："听我说吧！我说完了，估计你们的问题就都解决了。"

"我们这里的人，是受了燃放烟花爆竹产生的二氧化硫、一氧化碳、二氧化氮等有害气体的污染，其中烟花爆竹里的'呈色物质'，对我们伤害最大。"

　　"橙色物质？"米果打断络腮胡子，问道，"是橙子的'橙'吗？"

　　"哦，不是。我给你举个例子吧！燃放烟花爆竹时，你会看到各种颜色在天空中绽放。如果在烟花爆竹中加入锶盐，火焰就会呈红色；加入钡盐，火焰就会呈绿色；加入钠盐，火焰就会呈黄色。我们这里的人都吸入了这些'呈色物质'，才产生了你们看到的现象。这就是我们身上会出现带颜色的光的原因。"

　　"那……"马莎刚张口说了一个字，只见络腮胡子一摆手。

　　"我知道你要问什么！"络腮胡子已经完全"冷却"下来了，他接着说，"我们不能待在黑暗中，如果光线暗下来，我们身体里的'呈色物质'就会发光，然后燃烧起来，那我们就完蛋了。因此，我们一定要保证无论白天黑夜周围都是亮的，这样我们才能活着。"

　　"可是，如果这样的话你们就永远都在呼吸着有害的气体，同样对身体是有危害的呀！"好久没说话的萨山说。

"如果下雨，那些烟花不就被浇灭了吗？"米果快人快语地说。

话音刚落，只见络腮胡子一反刚才平和的态度，挥起拳头就向米果的头打来，说时迟那时快，鲍勃一扬手把络腮胡子的拳头抓在了半空中，大声呵斥道："你为什么打人？"萨山也一个箭步挡在了米果的前面。

"不许说下雨！不许说下雨！如果下雨，烟花就会消失，夜晚就会黑暗，只有星星照亮，那么我们就会发光，就会燃烧，哦，天哪，呜呜呜……"络腮胡子的情绪转变得好快，竟然沮丧又痛苦地哭了起来。

"在我们这里是永远不会下雨的，如果有人说下雨，有可能，有可能就……"络腮胡子蹲在地上，"呜呜呜"地哭得好伤心。

"哎呀！你一个大男人哭什么啊！又没有真的下雨！"马莎实在没法同情他，她最不喜欢矫情的人了。

　　"哇，哇，你还在提下雨。"络腮胡子大哭起来，哭声越来越大，越来越大，只见四面八方的人都向这边张望，有人向这边跑过来，人越来越多，都看着络腮胡子，想知道出了什么事。

"下雨了，就要下雨了！"络腮胡子绝望地一边哭一边说。接下来，这伙人竟然对络腮胡子动起拳脚，一边打他一边说："叫你乱说，叫你乱说。"络腮胡子被打得"嗷嗷"直叫。

"别打他了，是……"鲍勃刚要说"是我们说的"这几个字，就被萨山一下子捂住了嘴。然后，萨山压低声音说："快跑！"于是，四个伙伴拨开乱作一团的人群，向外面跑去。

一跑出人群，他们就听到身后传来络腮胡子的喊叫声："不是我说下雨，是刚才那几个来自异国的家伙。"

"快跑！"鲍勃拽着米果，萨山拉着马莎，开始疯狂地奔跑。

后面是怒吼的人群。

怎么办啊？如果被追上，那必死无疑。可是，由于跑得快加上空气污浊，大家感觉呼吸越来越困难。"我不行了，萨山。"马莎先坚持不住了，身体越来越沉。"坚持住，马莎！"萨山用尽力气拽住马莎。

"下雨吧！下大雨吧！我们来祈祷吧！"米果开始求助老天爷。

"让暴风雨来得更猛烈些吧！"萨山和鲍勃大声喊着。

什么叫"感动上苍"，只听见滚滚的雷声由远而近。大家还来不及确认，豆大的雨点就砸在脸上、手臂上。顿时，雨点不再是豆子般大小，而是倾盆而下。大家又高兴又疲惫，被暴风雨彻底砸倒在地，失去了知觉。

不知道过了多久，"叽叽喳喳"的说话声把四个伙伴惊醒了。天已经大亮了，太阳照得身上暖暖的，衣服都干了。他们抬起头一看，第一个映入眼帘的人竟然是络腮胡子，他的周围还有一大群人。

"我们真的就这么完了吗？"米果也要哭了。

"先别灰心。我来问问看他们想怎么办。"鲍勃扶着大家相继站了起来，空气竟然如此清新，昨晚的空气污染物一扫而光，谁都看不出来这里是常年燃放烟花爆竹的城堡。

四个伙伴刚刚站稳，他们就被接下来的情景惊呆了。

"扑通"一声，络腮胡子跪了下来，接下来，"扑通扑通……"所有人都跪在了四个伙伴面前。

"什么情况？"

"别随便跪，请解释一下，我们受不起。"鲍勃说。

"谢谢你们，谢谢你们，把雨求来了。"络腮胡子说。

"你们不是怕雨吗？烟花不是都灭了吗？"马莎躲在萨山身后，弱弱地问道。

"我们只担心雨把烟花浇灭了，夜晚将会充满黑暗，可是，我们没想到，雨水竟然也清洗掉了我们身上的有害物质，净化了空气，我们得救了。"络腮胡子一口气说完。

"其实，你们已经在这儿躺了两天了。这两天，我们已经经历了黑夜，我们现在非常安全。"另外一个人补充道。

"真的吗？太好了！"

"快起来，快起来吧！"

"早知道这样，你们就应该早早求雨了。"萨山、马莎、米果抢着说。

这场雨竟然拯救了一群多年沉浸在污染中的人和一个随时可能面对死亡的城堡。

接下来，这伙人又做出了意想不到的举动，他们一拥而上，把萨山、米果、马莎和鲍勃一起举起来，抛向空中。

玛莎老师对你说

烟花虽美，但是它释放的有害物质真的太多了。如果在人的身上"呈色"，那可真的就不美了。如果我们希望在每一个节日都能看到烘托气氛的绚烂烟花开在空中，那可能还需要科学家们研制出更加环保的烟花。我们一起期待吧！

络腮胡子说："我们不能待在黑暗中，如果光线暗下来，我们身体里的'呈色物质'就会发光，然后燃烧起来，那我们就完蛋了。"

萨山，米果和马莎都随着鲍勃走进了他的梦境中……这也太热了吧？啊！不，这简直就是烤炉啊！

10
惹祸的太阳

　　微风从耳边飘过，留下淡淡的花香。鲍勃慢慢地睁开眼睛，阳光透过树枝，把忽明忽暗的枝丫形状，投射在草地上。看到阳光，鲍勃放心地笑了，再看看周围，是还在酣睡的萨山、米果和马莎。鲍勃真切地意识到，刚才经历的危险、恐怖，原来都是梦。现在真实的状态，竟然是刚刚从梦境中醒来。鲍勃不禁长长地舒了口气，幸亏是梦啊！他起来伸伸胳膊，响亮地吹了一声口哨。于是，三个伙伴几乎同时以不同的姿态告诉他：我们被你吵醒了。米果闭着眼睛，随手抓起手边的小草，扔向口哨声传来的方向。萨山翻了个身，把眼睛微微张开。马莎则大声喊道："有新情况吗？"

　　"都起来吧！太阳惹祸了！"鲍勃故意耸人听闻地说。

　　一听到这个消息，每个人都睡意全无，张开眼睛，随即又被透过树枝照过来的明媚阳光晃得闭上了眼睛。

"太阳不是乖乖地在这儿吗！"

"它只能做好事，给我们带来温暖和光明。"

"我好像听说过月亮惹的祸，没听说过太阳也会惹祸。"

"好吧！都起来，听我给你们慢慢讲。"

每个人都随着鲍勃的讲述，走进了他的梦境中⋯⋯

这也太热了吧？啊！不，这简直就是烤炉啊！

萨山、米果、马莎和鲍勃，一边把手当作遮阳帽，挡着直射额头的太阳光，一边跳着脚。地面滚烫，虽然穿着鞋，但是就觉得好像是光着脚踩在刚刚煎过苹果派的平底锅上一样。

米果首先发表感想了，他一边擦着额头上的汗，一边试图瞄一眼头顶上的太阳，但是他的动作也只不过是闭着眼睛，抬头了几秒钟而已，他被太阳光晃得什么也没看清："我记得我们的太阳是非常公平的啊！为什么这么偏心这块土地、这座城堡啊？"

"这种情况下还能有人生活吗？一定全都热跑了。"马莎挽着自己的头发，这时候她觉得曾经引以为豪的长头发简直太多余了，要是剃光头的话一定会凉爽许多。

"看，那里有人在走。"大家顺着萨山手指的方向看去，确实有一群人。于是，大家快步向那群人走去。

这些人穿的奇装异服，实在让伙伴们惊呆了。

他们穿的是水衣啊！透明的，一定是塑料做的，一格一格的，里面装的是各种颜色的水。人一边走，水一边随着身体晃动着。米果伸手一摸："哇，好凉爽啊！"

于是，四个人都来摸一摸。

"嗨，你们好！你们身上穿的到底是什么呀？"鲍勃问道。

一个穿着蓝色衣服的人说："哦，这是我们这里特有的冰衣。我们每次出门的时候，都会在这件衣服里注入碎冰。然后慢慢地随着温度的升高，碎冰会变成水。一般也就持续两个小时，然后水就变温了，我们就得再回家注入碎冰。"

"你能告诉我，这衣服在哪儿能买到吗？我们实在是太热了。"马莎一边用手摸着蓝色冰衣人"取凉"，一边问道。

"哦，你们一共有四个人吧！我送给你们几件。要是在我们这儿没有冰衣，那真的会热死。请等我一会儿，我给你们取来。"蓝色冰衣人转身消失在热浪中。

四个伙伴一边大口喘着粗气，一边环顾四周。这座城堡实在是太热了，地面沟壑纵横，裂开的缝隙足以塞进去一只脚。树叶痛苦地蜷缩着，路两边的花好像也曾经绽放过，现在却都枯萎了。木制的房子干裂开口，好像一个张开嘴渴望喝水的人，涂料墙壁斑驳不堪……

"看来，这里不久前不是这样的啊！"萨山说。

"你是从哪里看出来的？"米果问道。

"这你都看不出来啊！你看，地上还有花瓣呢！"马莎睁大眼睛，摆出一副不可思议的样子，看着米果。

"嘿嘿，"米果耸耸肩，说，"我这不是给你一个展示自己的机会嘛！"

马莎举起拳头想给米果一个教训，但是，拳头停在空中，她又改变主意了，实在是太热了，还是保存点体力吧！

这时候，蓝色冰衣人从远处跑了回来，手里拿着一件红色的冰衣、一件蓝色的冰衣、一件绿色的冰衣，还有一件粉色的冰衣。

"久等了，我回去也给自己的冰衣重新注入了碎冰。你们快穿上吧！"蓝色冰衣人帮助四个伙伴把衣服穿上，一股冰凉沁人心脾，大家顿时有了精神。

于是，大家开始七嘴八舌地提出问题："这里是什么地方？为什么会这么热？难道是赤道吗？为什么太阳会如此偏爱这个地方呢？"

面对这么多问题，蓝色冰衣人只回答了三个

字："水丁堡。"

原来这座城堡叫"水丁堡"，这里以前也是四季如春的，但是，最近开始酷热难耐，小河干涸，庄稼枯死，人们已经无法生存了。

"看来问题很严重。"萨山、米果、马莎和鲍勃决定帮助这些处于水深火热之中的人们。

大家穿上了冰衣，就不觉得很热了。四个伙伴慢慢地在城堡里搜寻着，东张西望，盼着能够找到解决酷热天气的办法。

忽然，一束亮光射进大家的眼睛。"有了，我想到了一个办法。"鲍勃对大家说。

"快说说，快说说。"几个人都围了过来。

鲍勃没有直接回答，只是向远处一指，说："你们看，那座雪山。"大家一起望过去，就在城堡不远处，有一座山顶上残留着雪的山，就像富士山一样，真的很奇怪，它竟然没有因为受到太阳温暖的照射而融化。

"啊？你这是让我们从山上背冰下来吗？"米果瞪大眼睛问，"我一直尊敬你为前辈，因为你阅历广、经验丰富。不过，你这是啥主意啊？"从不抱怨的萨山也不能理解鲍勃的意思。

"我要是让你们背冰，拿到这里，不就只有一个冰淇淋那么大了吗？"鲍勃边说边比画。

"哈哈哈哈。"

"是这样的。刚才一块玻璃反光，给了我一点启发。我们小的时候，不是玩过放大镜折射太阳光，把纸都点燃了的游戏吗？"

"是呀！我们上一次在白色王国就是用马莎的小镜子反射太阳光把塑料点燃的。"萨山说道。

"咦？你的小镜子呢？"萨山想了起来，便问马莎。

"我们从魔术表演现场穿越回来的时候没带回来呢！"马莎遗憾地说。

鲍勃向他们竖起了大拇指，接着将他的计划告诉了伙伴们，于是，大家开始分头实施行动。

鲍勃安排了水丁堡的人，找来数面大镜子和帆布。趁着夜幕降临，太阳公公终于回家休息了，全城堡的人挑灯夜战。他们在不同的位置都安上大镜子，镜子摆放的角度既能接收阳光，又面向雪山，然后用帆布把能覆盖到的楼房或街区遮挡住。经过一晚上的奋战，终于全部布置完毕。

第二天，大家在阴凉中醒来，伸出头去看外面的镜子：天哪，那种明亮的光芒，足以晃瞎人的眼睛。

热度和距离够吗？雪山上的雪能融化吗？

就这样，大家静静地等待着。忽然有一天，外面有人在大声喊叫。大家出去一看：一股一股的水从远处流进来，流进了水丁堡的土地，人们欢呼着，跳跃着，舀起地上的水洗脸，一会儿就有人开始用容器盛水，开始互相泼水嬉戏，举城欢庆。

几天下来，水越来越多，滋润了土地，浇灌了花朵。有了雨水的蒸发和阳光照射的转移，水丁堡的温度也下降了许多。大家真诚地感谢萨山、米果、马莎和鲍勃，拿出各种好吃的招待他们。

谁也没有想到，令人伤感的事情发生了。

有一天，萨山、米果、马莎和鲍勃正在水丁堡散步，忽然，从草丛里跑出来无数只怪异的鸟，摇摇晃晃地拦在了萨山、米果、马莎和鲍勃面前。这些鸟有1米高，身体笔直，双脚站立，挺着鼓鼓的胸脯，它们虽说是鸟，竟然没有毛。

"你们都给我站住！"其中一只鸟说话了。

"你，你们想干什么？"鲍勃也有点紧张，这些鸟看起来非常凶。

"你们知道我们是谁吗？"另一只鸟问道，并上前一步，离四个伙伴更近了。

马莎又吓得躲到萨山身后。

大家愕然，不敢回答。

"我们是企鹅！"

"啊？！"大家呆若木鸡。

"我们本来在雪山边住得好好的，你们竟然毁了我们的家园。冰没了，雪融化了，温度高得要着火，我们美丽的羽毛都被烧掉了。你们看看我们现在的样子！"

还没等大家解释，一群企鹅就扑上来，萨山、米果、马莎和鲍勃一边躲一边说："对不起，我们不知道你们住在雪山边啊！我们这样做也是在救人啊！"

　　企鹅哪里还能听得进这些话，它们摇摆着身体穷追不舍。

　　忽然，跑在最前面的马莎绝望地尖叫起来，她停下了脚步。大家一看，正前方又出现了无数只企鹅，这些企鹅越来越近，萨山拉起马莎向右边跑去，右边也出现了一群企鹅，左边也出现了一群企鹅，四面都被包围了。进过无数城堡、救过无数人和小动物的伙伴们，这次，真的要毁在企鹅手里了。

　　包围圈越来越小。

　　"救命啊……"

　　"天哪，太可怕了。"

　　"我听得毛骨悚然。"

　　"幸亏是你的梦啊！真的提醒我们了，我们怎么救了水丁堡的人，却毁了企鹅的家园啊！"

　　"我们破坏了生态环境和生态平衡。我们一直在化解因人类曾经对环境造成污染而导致的灾难，可是，我们自己却在破坏生态环境了。"

　　"喂，你们这是在干吗呢？我们又没有真的破坏生态环境，这只是鲍勃的一个梦而已，我们以后多注意就是了。"

"是啊，是啊！我们快乐起来吧！去拯救那些遭受污染和灾难的人们吧！"

萨山、米果、马莎和鲍勃手挽着手，迎着阳光，去面对新的挑战。

玛莎老师对你说

虽然这只是一个梦，但是鲍勃的方法确实很好，融化冰雪之后再将水引出来。可是，生态平衡该如何维持呢？救了被太阳毒晒的人，没想到却毁了在雪山边生活的企鹅们的家园。你们有没有担心过，当大气变暖，冰雪融化的现象愈演愈烈，住在寒冷环境下的小动物们该怎么办呢？

后记

我母亲一直都说我是一个有福气的人。在我漫漫的成长过程中，不管是在学习、工作、旅行、生活中，还是在经历人生的转折点时，我都是幸运的，身边总是有很多亲朋好友的支持和帮助。

很幸运，"穿越未来之污染的怒吼"系列中的第一个故事被《小雪花》杂志的主编杜恒贵先生赏识，还特别为我开设了专栏——童话大森林，让我这些天马行空的故事有了土壤可以生长，也让我能随心所欲地畅想和提笔。

很喜欢黑龙江少年儿童出版社的张小宁先生写给我的一句话：谁人不羡冰城"雪"，全球共赏"国际丹"。

一直记得那个《虎口遐想》的段子，春晚上姜昆老师的相声给我们带来无数欢笑。在此，特别感谢姜昆老师对"穿越未来之污染的怒吼"系列图书的大力推介。

我曾经很喜欢看那威先生主持的电视节目，几年之后有幸采访到他，他对我说："玛莎，你本身就是一个充满正能量的精灵，我真的信了。"

出国后才在电视上认识了王为念先生，我被他独特的魅力所吸引，更令我惊讶的是他居然能如数家珍般地说出"穿越未来之污染的怒吼"系列中的角色，非常感谢他的认真和支持。

关凌老师曾是从《我爱我家》走出来的小姑娘，她不仅是优秀的演员，也在以自己的方式支持环保。在此，我想由衷地感谢关凌老师的热心推荐。

我一定要骄傲地介绍一下我的闺蜜团（Angela,Angel,Jessica,JG,Lucy,Rose,Sarah,Viola,Xiao Xiong.24Flower,and Coco），她们在自己的工作领域里都如此优秀，而且一直给我巨大支持和帮助，谢谢美丽且充满力量的她们。

感谢加拿大生命教育成长协会的会长蒂娜授予我"环保形象大使"的称号，让我有机会给海外的孩子们传递环保理念。

保罗先生是我的英语老师，他也一直是一个环保典范，让我了解到异国的不同文化，并尝试用不同的语言表达对地球的关爱。

杰那基·阿龙那维奇先生的那些异域文化也给我很大的启发，在此真心表示感谢。

在这里，我还要感谢我亲爱的儿子，他一直是我的第一读者，我的故事陪伴着他成长。我想对他说："从'妈妈别让金蝴蝶死了'的伤感请求，到本书出版前你都给了我很多精彩的建议，谢谢你一直喜欢我的作品。"

最后我要真诚地感谢福建科学技术出版社，以及本系列图书的编辑、插画师和设计人员，让"穿越未来之污染的怒吼"系列图书以这样专业和美丽的姿态问世。

故事从中国写到加拿大，从讲给中国的小朋友到讲给加拿大各族裔的小朋友听，让我们一起关注环保，爱护地球。